Victor Vazquez
Jose R. Parga
Jesus L. Valenzuela

Destruição de cianeto e arsénio por eletrocoagulação

Victor Vazquez
Jose R. Parga
Jesus L. Valenzuela

Destruição de cianeto e arsénio por eletrocoagulação

Teoria da destruição de cianetos com anatase e adsorção de arsénio em espécies de eletrocoagulação magnética

ScienciaScripts

Imprint

Cover image: www.ingimage.com

This book is a translation from the original published under ISBN 978-613-9-05327-8.

Publisher:
Sciencia Scripts
is a trademark of
Dodo Books Indian Ocean Ltd. and OmniScriptum S.R.L publishing group

120 High Road, East Finchley, London, N2 9ED, United Kingdom
Str. Armeneasca 28/1, office 1, Chisinau MD-2012, Republic of Moldova, Europe
Managing Directors: Ieva Konstantinova, Victoria Ursu
info@omniscriptum.com

Printed at: see last page
ISBN: 978-620-8-36683-4

Conteúdo

RESUMO

Foi estudada a adsorção de dióxido de titânio e arsénio em espécies geradas por eletrocoagulação, tais como magnetite, goetite e lepidocrocite.

ˉO dióxido de titânio foi utilizado para remover o cianeto da água (400 ppm CN) através de um processo fotocatalítico. Este processo permitiu obter uma taxa de remoção de cianeto de 94 %. No entanto, esta técnica tem uma desvantagem para uso industrial, a separação do dióxido de titânio após a remoção do cianeto é difícil devido à finura das partículas, pelo que a reutilização do dióxido de titânio não tem sido avançada para o tratamento de água contaminada com cianeto. Para remediar esta situação, foi utilizado o processo de eletrocoagulação (EC) para recuperar o dióxido de titânio da solução. Utilizando a EC, foi alcançada uma taxa de recuperação de 99%.

Por outro lado, a produção mineira e metalúrgica gerou resíduos contendo metais pesados e seus subprodutos. Especificamente, os compostos de arsénio têm sido descarregados no ambiente. A CE foi utilizada como uma alternativa viável para tratar este poluente, com este processo obteve-se 99 % de remoção de arsénio sem a adição de quaisquer outros reagentes químicos.

A isoterma de Langmuir e a equação de Langmuir-Hinshelwood foram utilizadas para determinar a viabilidade da adsorção de dióxido de titânio e arsénio em espécies geradas pelo CE. oooForam calculados parâmetros termodinâmicos e cinéticos, tais como a energia livre (AG), a entalpia (AH), a entropia (AS), a constante de adsorção e a cinética.

OBJECTIVOS

Objetivo geral

Realizar um estudo cinético e termodinâmico da adsorção do dióxido de titânio e do arsénio sobre espécies geradas por eletrocoagulação como a magnetite, a goetite e a lepidocrocite.

Objectivos específicos

Atualmente, os processos de recuperação de metais preciosos requerem inevitavelmente o uso de soluções de cianeto. À medida que o processo de lixiviação avança, a concentração de cianeto diminui até um ponto em que a concentração é tal que a solução termina a sua vida útil no processo e deve ser descartada, criando graves problemas ambientais. Neste estudo propomos a utilização de uma técnica inovadora que nos ajudará a ter menos resíduos tóxicos. Para o efeito, o presente trabalho de investigação propõe:

1. Destruir o cianeto num efluente que contenha este poluente utilizando nanocristais de dióxido de titânio por oxidação fotocatalítica e recuperar posteriormente o dióxido de titânio através do processo de eletrocoagulação.
2. Este estudo também analisará a remoção de arsénio de efluentes poluentes utilizando o processo de eletrocoagulação e, finalmente, será realizado um estudo cinético e termodinâmico para determinar os mecanismos de adsorção de partículas nanométricas de dióxido de titânio e iões de arsénio nas espécies de magnetite e goetite geradas nos eléctrodos de ferro durante o processo de eletrocoagulação.
3. Esta análise alargará o conhecimento do processo de eletrocoagulação e, especificamente, a adsorção de dióxido de titânio e partículas de arsénio em espécies de ferro. Para esta análise teórica, será utilizada a equação de Langmuir-Hinshelwood para caraterizar o mecanismo.

I INTRODUÇÃO

[1]Atualmente, o México é o maior produtor mundial de prata e, de acordo com as estatísticas, tem uma produção anual de 2.103.125 toneladas. O nosso país, tal como o resto do mundo, utiliza o método tradicional de cianetação para recuperar o ouro e a prata, no processo em que são gerados efluentes de cianeto que são perigosos para o ambiente. [2]A reação química para a dissolução do ouro e da prata pode ser expressa pela equação de Elsner :

$$4Ag + 8CN^- + O_2 + 2H_2O \rightarrow 4[Ag(CN^-)_2] + 4OH^- \quad (1.1)$$

Após a extração e recuperação do ouro e da prata, grandes quantidades de cianeto são eliminadas nos efluentes, criando problemas ambientais devido à natureza perigosa do cianeto.[3].

[4]Nos Estados Unidos, a EPA fixou um limite máximo de efluentes de 0,2 mg/litro para a água potável, na Alemanha e na Suíça o limite é de 0,01 mg/litro e no México a SEMARNAT fixou o limite de cianeto em 0,2 mg/litro. Devido a estas considerações, a recuperação ou destruição do cianeto é uma etapa de processamento necessária. Para reduzir os níveis de cianeto enviados para os efluentes, foram desenvolvidos vários processos para o seu tratamento. [5]Todos estes métodos se baseiam na recuperação do cianeto por acidificação ou destruição por oxidação química. Estes processos têm várias desvantagens, por exemplo, os reagentes de oxidação são caros e é necessário pagar taxas de patente.

Devido a estes factores, a técnica de oxidação fotocatalítica com dióxido de titânio é uma das formas inovadoras para o tratamento de águas contaminadas com cianeto. No entanto, esta técnica apresenta uma desvantagem para a sua aplicação industrial: a separação das nanopartículas de dióxido de titânio após a degradação fotocatalítica do cianeto é difícil devido à finura das partículas de titânio e, por conseguinte, não se registaram grandes progressos na reutilização do dióxido de titânio para o tratamento de águas contaminadas com cianeto. Para resolver este problema, foi utilizada a técnica de eletrocoagulação para recuperar o dióxido de titânio da suspensão aquosa.

[6]Outro problema importante é a contaminação dos solos e dos aquíferos por arsénio, como acontece em Torreon Coahuila e noutras partes do México, em consequência da produção metalúrgica e industrial. Um estudo realizado na Universidade de Cincinnati revela a existência de arsénio, cádmio e chumbo no solo de áreas próximas de fundições de chumbo e zinco, em concentrações que excedem os níveis nacionais e internacionais permitidos. Por este motivo, neste estudo vamos utilizar o processo de eletrocoagulação para remover o arsénio das águas contaminadas.

Embora o processo EC seja tecnologicamente conhecido, até à data, em nenhum lugar do mundo foi caracterizado e analisado cinética e termodinamicamente, nem é aplicado à escala industrial para a recuperação de TiO2, uma vez que os mecanismos e princípios fundamentais em que este método se baseia, tanto na recuperação de partículas de TiO2 como na remoção de arsénico de águas poluídas, são ainda completamente desconhecidos. Por conseguinte, é necessário um estudo fundamental para determinar o mecanismo cinético e termodinâmico da adsorção de nanopartículas de TiO2 e iões de arsénio sobre as espécies de magnetite e goetite, etc., que são geradas nos eléctrodos de ferro no reator EC. Para este fim, a equação de Langmuir-Hinshelwood será utilizada para caraterizar o mecanismo.

II ESTADO DO DOMÍNIO OU ESTADO DA ARTE

Para o desenvolvimento deste tema é necessário, em primeiro lugar, analisar os princípios químicos e físicos dos poluentes da água. Posteriormente, é necessário ver quais as técnicas que têm sido utilizadas com sucesso e, após a análise, propor uma nova técnica com a respectiva descrição.

2.1 Descrição do contaminante (cianeto)

-O cianeto (CN) é um anião que contém carbono e azoto ligados por uma ligação tripla, é capaz de reagir facilmente, mesmo em concentrações muito baixas, com metais pesados, é uma substância altamente tóxica que pode ser facilmente absorvida pelos tecidos e é uma das substâncias perigosas mais regulamentadas nas descargas para o ambiente, uma vez que é considerada uma substância de resíduos perigosos de classe - P pela RCRA (Lei de Conservação e Recuperação de Recursos)[7].

As principais formas de cianeto são o cianeto de hidrogénio (HCN), o cianeto de sódio (NaCN) e o cianeto de potássio (KCN). O cianeto pode ser encontrado como um gás incolor (HCN e ClCN) ou sob a forma de cristais (NaCN e KCN).

-Os compostos de cianetos nos quais pode ser obtido como CN são classificados como cianetos simples e cianetos complexos. [8]Os simples são representados pela fórmula $A(CN)_x$, em que A é um elemento alcalino (sódio, potássio, amónio) ou um metal, e x, a valência de A, é o número de grupos CN . -Em soluções aquosas de cianetos alcalinos simples, o grupo CN está presente como CN e HCN molecular, dependendo a proporção do pH e da constante de dissociação do HCN molecular (pka ~ 9,2) (Figura 2.1). Na maioria das águas naturais, o HCN predomina. Em soluções de cianetos metálicos simples, o grupo CN pode também aparecer sob a forma de complexos aniónicos de cianetos metálicos de estabilidade variável. [8]A maioria destes complexos simples são pouco solúveis ou quase insolúveis (CuCN, AgCN, $Zn(CN)_2$), mas estes, na presença de cianetos alcalinos, formam uma variedade de complexos metal-cianeto altamente solúveis. Os cianetos de metais alcalinos podem geralmente ser representados por $AyM(CN)_x$. A representa o elemento alcalino presente, y o número de vezes que o elemento alcalino ocorre, M o metal pesado e x o número de grupos CN. A dissociação inicial de cada um destes complexos de cianeto solúveis produz um anião que é o radical $M(CN)_{xy}$. -[8]Este pode ainda dissociar-se, dependendo de muitos factores, com a libertação de CN e a consequente formação de HCN .

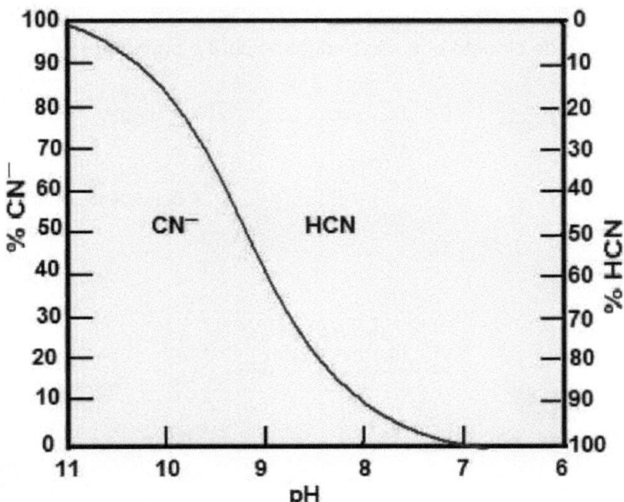

Figura 2.1. -[8]Equilíbrio de pH entre CN /HCN .

2.2 Toxicidade

[9]A presença de cianetos livres e de complexos de cianetos nos fluxos de águas residuais industriais constitui um problema importante devido à toxicidade conhecida destas espécies para os organismos vivos, mesmo em concentrações muito baixas. [10]A toxicidade do cianeto livre é inferior à do HCN, que é formado pela hidrólise do cianeto e constitui um risco potencial para a vida aquática, porque a maioria das massas de água onde os fluxos de resíduos são eliminados tem um pH inferior ao pKa do HCN molecular (<9,2), fazendo com que o cianeto presente na maioria das descargas seja convertido na sua forma mais tóxica .

Em todas as células procarióticas ou eucarióticas (bactérias, fungos, plantas, animais, incluindo o homem) uma função vital é a respiração. Uma das moléculas indispensáveis para esta função é a citocromo C oxidase, que tem um átomo de ferro (Fe) no centro da sua estrutura complexa. Quando o cianeto entra nas células, "captura" o Fe e a enzima deixa de ser funcional. [11]A consequência é que a célula deixa de "respirar" e morre.

A exposição a 300 ppm de cianeto de hidrogénio pode ser fatal em poucos minutos. [10]A ingestão ou absorção através de feridas de 100 a 250 mg de NaCN ou KCN também pode ser fatal. [11]O cianeto é descrito como tendo um odor a "amêndoa amarga", mas nem sempre emana um odor e nem todas as pessoas o conseguem detetar . Em grandes quantidades, o cianeto é muito nocivo para as pessoas. A exposição a níveis elevados de cianeto no ar durante um curto período de tempo pode provocar lesões cerebrais, lesões cardíacas, coma e mesmo a morte. [11]A exposição a níveis baixos de cianeto durante longos períodos de tempo pode resultar em dificuldades respiratórias, ataques cardíacos, vómitos, convulsões, alterações sanguíneas, dores de cabeça e aumento da glândula tiroide .

2.3 O processo de cianetação

O método tradicional de recuperação de prata e ouro é a cianetação (Figura 2.2), que gera efluentes de cianeto que são perigosos para o ambiente.

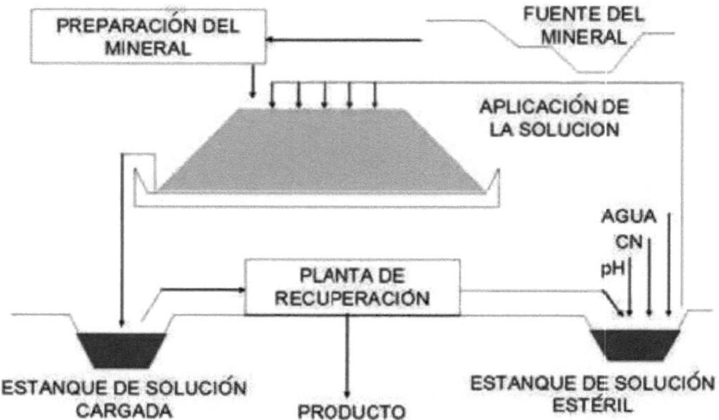

SOLUÇÃO CARREGADA PONDPRODUCT

[12]Figura 2.2 Diagrama de fluxo do processo de cianetação em pilha .

Na indústria extractiva, este método de recuperação de metais preciosos é efectuado utilizando uma solução de cianeto de 0,03-0,3 % de NaCN com um pH superior a 10 para evitar a formação de HCN e necessita também de um arejamento eficiente para ter uma concentração de oxigénio superior a 7 mg/litro na polpa. A reação química para a dissolução do ouro e da prata nas condições acima referidas pode ser expressa pela equação de Elsner:

$$4Au + 8CN^- + O_2 + 4H_2O = 4[Au(CN^-)_2] + 4OH^- \quad (2.1)$$

Isto é efectuado através do seguinte mecanismo:

$$Au^+ + 2\,CN^- = Au(CN)_2^- + e^- \quad (2.2)$$

$$O_2 + 2\,H_2O + 2\,e^- = 2\,OH^- + H_2O_2 \quad (2.3)$$

$$H_2O_2 + 2\,e^- = 2\,OH^- \quad (2.4)$$

Neste mecanismo eletroquímico, o ião cianeto complexa-se com o ouro e o oxigénio actua como oxidante (2.1). [13]No entanto, a associação da prata com o ião cianeto é mais fraca do que a do ouro e a dissolução da prata requer um tempo de contacto mais longo.

Após a extração e recuperação de ouro e prata, grandes quantidades de cianeto são eliminadas em efluentes, criando problemas ambientais devido à natureza perigosa do cianeto. $Fe(CN)_6^{-3}$, $Ni(CN)_4^{-2}$, $Zn(CN)_4^{-2}$ y $Cu(CN)_4^{-2}$. [13]Nos efluentes industriais, o cianeto apresenta-se sob três formas: cianeto livre (HCN), cianeto simples (NaCN) e cianeto complexado (NaCN). O cianeto total é a soma do cianeto livre, do cianeto simples e do cianeto complexado, não tendo em conta outros ligandos como o cianato e o tiocianato.

Devido ao grande número de indústrias que utilizam cianeto nos seus processos, especialmente a indústria mineira e metalúrgica que utiliza grandes quantidades deste reagente, é de extrema importância estabelecer métodos de tratamento para a recuperação ou eliminação do cianeto nos efluentes, de modo a operar o processo de forma económica e segura.

[14]Nos Estados Unidos, a EPA fixou o limite máximo de efluentes em 0,2 mg/litro, na Alemanha e na Suíça o limite é de 0,01 mg/litro e no México a SEMARNAT fixou o limite de cianetos em 0,2 mg/litro. Devido a estas considerações, é da maior importância desenvolver uma tecnologia mais eficiente para a recuperação de cianeto ou para a remoção definitiva de cianeto, dependendo da concentração total de cianeto no efluente.

Existem duas formas de lidar com estas descargas para o ambiente, quer através de métodos tradicionais de separação, quer através de métodos de remediação. Os métodos de separação tradicionais basicamente transferem a substância tóxica de um fluxo para outro, de modo que o problema subjacente persiste. Os métodos de remediação, por outro lado, procuram degradar estas substâncias e transformá-las em substâncias não tóxicas ou menos tóxicas. Existem atualmente muitos processos de remediação de cianetos, mas a maioria deles não trata todos os derivados de cianeto ou complexos formados por cianeto, são muito dispendiosos ou requerem tratamento adicional.

2.4 Métodos convencionais de oxidação para a eliminação de cianetos

Os processos de oxidação convencionais utilizam geralmente reagentes como o cloro, o ozono, os hipocloritos, os permanganatos, os peróxidos e algumas combinações destes. Nestes processos, o poluente orgânico é transformado pela ação oxidante destes compostos, por vezes em produtos inofensivos como o CO_2 e o H_2O.

[15]Estes métodos são geralmente dispendiosos devido à procura de reagentes e, em alguns casos, é necessário pagar os direitos de patente, a sua posterior separação da água e o controlo do processo requerem cuidados especiais no manuseamento dos reagentes.

[16]Dos métodos acima mencionados, nenhum atinge uma remoção óptima, ou seja, níveis elevados de pureza do efluente com baixo consumo de produtos químicos e/ou energia, pelo que a investigação tecnológica a nível mundial nos últimos anos tem proposto a desintoxicação por processos de oxidação avançados como uma alternativa eficiente.

2.4.1 Cloração alcalina

A cloração alcalina é um dos métodos mais utilizados para a destruição de cianetos. É utilizado principalmente nos domínios da deposição de metais e na indústria siderúrgica. O princípio da cloração alcalina é a oxidação do cianeto em cianato; os reagentes utilizados são o cloro gasoso (Cl_2), o hipoclorito de sódio (NaClO) ou o hipoclorito de cálcio ($Ca(ClO)_2$). [17]A oxidação do cianeto com cloro efectua-se através das seguintes reacções :

Fase 1:

$$CN^- + Cl_2 = CNCl + Cl^- \qquad (2.5)$$

$$CNCl + 2NaOH = NaCNO + H_2O + NaCl \qquad (2.6)$$

Fase 2:

$$2NaCNO + 4NaOH + 3Cl_2 = 2CO_2 + N_2 + 6NaCl + 2H_2O \qquad (2.7)$$

Em geral, a cloração alcalina é um método de destruição poderoso, neutralizando mesmo os complexos cianometálicos (com exceção dos ferrocianetos). O seu principal inconveniente é o facto de os compostos clorados serem tóxicos e de os reagentes utilizados serem caros.

2.4.2 Ozonização

O ozono (O_3) necessário para este processo de oxidação é gerado eletricamente a partir do ar ou do oxigénio. A utilização de oxigénio tem a vantagem de fornecer o dobro da concentração de ozono em relação à utilização de ar, com metade da potência necessária para o ar, e fornece uma contribuição adicional para a oxidação do cianeto devido à maior concentração de oxigénio.

[17]As reacções neste processo são as seguintes :

$$CN^- + O_3 = CNO^- + O_2 \text{ (rápida)} \qquad (2.8)$$

$$CNO^- + O_3 + 2H_2O = NH_3 + HCO^-_3 + 1.5O_2 \text{ (lenta)} \qquad (2.9)$$

A sua principal desvantagem é o custo do equipamento de produção de ozono.

2.4.3 INCO (dióxido de enxofre)

[17]O processo INCO (International Nickel Company) para a remoção de cianeto de efluentes industriais foi patenteado por G.J. Borboly em 1984 .

O processo utiliza SO2 gasoso (ou soluções de sulfito de sódio, Na2SO3 ou $Na_2S_2O_5$) em combinação com ar como oxidante e cal para controlo do pH. $^{+2}$O cobre (na forma de Cu) presente na solução é utilizado como catalisador para a oxidação do cianeto. Este processo tem a mais ampla aplicação industrial. [17]A oxidação do cianeto é realizada com a seguinte reação global :

$$CN^- + SO_2 + O_2 + H_2O = CNO^- + H_2SO_4 \qquad (2.10)$$

-A necessidade de SO2 é de 2,47 g de SO2 por grama de CN, os níveis óptimos de pH situam-se entre 9 e 10. As principais desvantagens deste processo são as taxas de patente, a adição de sulfatos e a eliminação adequada dos ferrocianetos, caso estes precipitem.

2.4.4 Oxidação com peróxido de hidrogénio (H_2O_2)

O peróxido de hidrogénio é um agente oxidante utilizado no tratamento de efluentes orgânicos, sulfuretos e cianetos. 12)Existem dois processos que utilizam o peróxido para a destruição de cianetos, ambos em condições alcalinas (8<pH<= [17]).:

1) Com catalisador de cobre:

$$CN^- + H_2O_2 \xrightarrow{Cu^{++}} CNO^- + H_2O \qquad (2.11)$$

$$CNO^- + 2H_2O \xrightarrow{pH<7} NH_4^+ + CO_3^{-2} \qquad (2.12)$$

2) Processo Dupont-Keastone:

$$HCN + HCHO \xrightarrow{pH\text{-}11, Cu} HOCH_2CN \qquad (2.13)$$

(glicolonitrilo)

$$HOCH_2CN + H_2O_2 \xrightarrow{pH\text{-}11} 3NH_35HCNO5H_2C(OH)CONH_2 \qquad (2.14)$$

(Amida ácida glicolica)

(glicolonitrilo)
(amida de ácido glicólico)
O segundo processo utiliza uma formulação patenteada que contém 41% de H2O2 com vestígios de catalisador e estabilizadores denominados "Perox^gen Compounds" e 2 a 3 partes de solução de formaldeído a 37% para 1 parte de cianeto de sódio e é agitada durante uma hora. A temperatura elevada necessária para uma reação rápida torna este processo pouco prático para o tratamento de grandes volumes.

2.5 Tecnologias ou processos de oxidação avançados (TAO, PAO) para destruir o cianeto

[18-22]As OAT baseiam-se em processos físico-químicos capazes de produzir alterações profundas na estrutura química dos poluentes. [19,23,24]--O conceito foi inicialmente estabelecido por Glaze e colaboradores , que definiram as OAP como processos que envolvem a geração e utilização de espécies transitórias poderosas, principalmente o radical hidroxilo (OH). Este radical pode ser gerado por meios fotoquímicos (incluindo a luz solar) ou por outras formas de energia, e é altamente eficaz para a oxidação da matéria orgânica. [25]Algumas HAT, como a fotocatálise heterogénea, a radiólise e outras técnicas avançadas, utilizam também redutores químicos que permitem transformar poluentes tóxicos pouco susceptíveis à oxidação, como os iões metálicos ou os compostos halogenados .

2.5.1. Fotocatálise heterogénea

[26]A fotocatálise heterogénea é um processo baseado na absorção de fotões de luz direta ou indireta por um sólido, que é um semicondutor, (fotocatalisador heterogéneo, que é geralmente um semicondutor de banda larga) visível ou UV, com energia suficiente, igual ou superior à energia de gap do semicondutor, Egap. A fotocatálise pode ser definida como a aceleração de uma fotorreacção pela presença de um catalisador. -O catalisador, ativado pela absorção de luz, acelera o processo ao interagir com o reagente através de um estado excitado (C*) ou pelo aparecimento de pares eletrão-buraco, se o catalisador for um semicondutor (e - h +). [27]Neste último caso, os electrões excitados são transferidos para as espécies redutíveis, enquanto o catalisador aceita electrões das espécies oxidáveis que ocuparão os buracos; deste modo, o fluxo líquido de electrões será nulo e o catalisador permanecerá inalterado.

Dentro da fotocatálise existem dois tipos de técnicas: processos heterogéneos, que são mediados por um semicondutor como catalisador e processos homogéneos ou processos mediados por compostos férricos, onde o sistema é utilizado numa única fase. A espécie que absorve os fotões (C) é activada e acelera o processo ao interagir com as outras espécies no seu novo estado excitado (C*). No caso dos processos heterogéneos, a interação de um fotão produz o aparecimento de um buraco de eletrão (e- e h+), e o catalisador utilizado será um semicondutor. [27]Neste caso, os electrões excitados são transferidos para a espécie redutora (Ox1) ao mesmo tempo que o catalisador aceita electrões da espécie oxidante (Red2), que ocupa os espaços dos buracos.

2.5.1.1 Propriedades do dióxido de titânio

[28]O TiO2 é um composto semicondutor do tipo N, tem 3 tipos de estruturas: anatase, rutilo e brookite, a anatase e o rutilo são os mais utilizados nas reacções

fotocatalíticas, a fase anatase apresenta maior atividade. As propriedades básicas da anatase e do rutilo são apresentadas na tabela 2.1.

[29]Tabela 2.1 Propriedades das estruturas de TiO_2 anatase e rutilo .

	Rutilo	Anatasa
Estrutura cristalina	Cubica	cubica
Gravidade específica	4.2	3.9
Dureza (escala de Mohs)	6.0-7.0	5.5-6.6
Coeficiente dielétrico (debye)	114	31
Índice de refração	2.71	2.52
Diferença de energia (eV)	3.0	3.2
Ponto de fusão	1858	Transforma-se em rutilo a 600°.

As estruturas da anatase e do rutilo TiO_2 podem ser descritas em termos de cadeias octaédricas de TiO_6. $^{+4-2}$As estruturas de célula unitária dos cristais de rutilo e anatase são mostradas nas Figuras 2.3 e 2.4, cada ião Ti é rodeado por um octaedro de seis iões O. O octaedro na anatase é mais distorcido do que no rutilo, portanto, a simetria da anatase é menor do que a ortorrômbica. A distância entre dois átomos de Ti na anatase é maior (3,79 A e 3,04 A vs. 3,57 e 2,96 A no rutilo) e as distâncias Ti-O são mais curtas na anatase do que no rutilo (1,934 e 1,980 A vs. 1,949 e 1,980 A no rutilo). [29]Cada octaedro na estrutura da anatase está ligado a oito octaedros vizinhos, na estrutura do rutilo, há dez octaedros vizinhos.

As diferenças acima referidas provocam diferentes gravidades específicas e estruturas de bandas electrónicas entre os dois tipos de TiO_2. O maior intervalo de energia da anátase (3,2 eV) proporciona uma melhor capacidade de oxidação, pelo que a estrutura da anátase é mais frequentemente utilizada em fotocatálise.

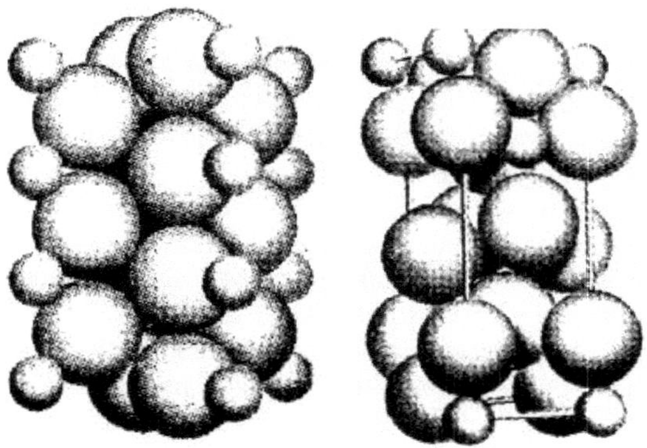

[29]Figura 2.3 Rutilo . [29]Figura 2.4 Anatase .

2.5.2 Tecnologia de fotocatálise

O mecanismo de fotocatálise ocorre quando as nanopartículas de TiO_2 são iluminadas com raios ultravioleta (UV), em que os fotões UV excitam a banda que contém os electrões de valência e os electrões atravessam a banda de condução, deixando lacunas (h) na banda de valência. --[29]Por exemplo, se o semicondutor (TЮ2) estiver num meio aquoso, as lacunas vão reagir com moléculas de água (H_2O) para produzir radicais hidroxilo (OH), que são extremamente oxidantes e capazes de oxidar cianeto a cianato (CNO) . A Figura 2.5 ilustra o diagrama de energia e o processo fotocatalítico numa partícula de TЮ2.

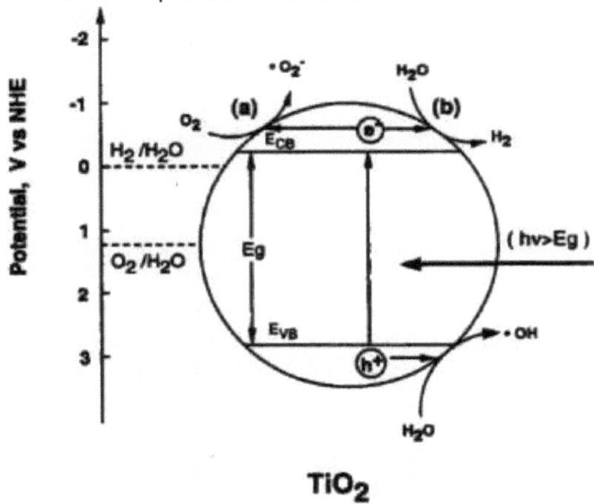

[30]Figura 2.5 Ilustração esquemática da correlação energética e do mecanismo redox na superfície do TiO2 (a) com e (b) sem a presença de oxigénio.

[30]-Augugliaro relata que num meio aquoso com cianeto, o primeiro produto da oxidação fotocatalítica utilizando nanocristais de TЮ2 é o CNO , a reação química que representa este processo de oxidação é a seguinte:

Formação de espaços com luz ultravioleta (luz solar ou fonte artificial);

$$TiO_2 + hv = h^+ + e^- \quad (2.15)$$

Reação dos espaços da banda de valência (h) com o ião cianeto:

$$CN^- + 2\,h^+ + 2\,OH^- = CNO^- + H_2O \quad (2.16)$$

-Uma vez atingida esta conversão, o CNO é completamente oxidado e os produtos finais são principalmente CO_2 y NO_3^- :

$$CNO^- + 4O_2 + 2OH^- + 3H_2O = CO^-_3 + NO^-_3 + 4H_2O_2 + e^- \quad (2.17)$$

Finalmente, a redução do oxigénio consome os electrões gerados pela reação (2.17) de acordo com esta reação química:

$$O_2 + 2e^- + 2\,H_2O = H_2O_2 + 2\,OH^- \quad (2.18)$$

[31]Num outro estudo sobre a degradação fotocatalítica do ferrocianeto, verificou-se que a banda de absorção do TiO2 era de 350 nm e a degradação deste complexo foi efectuada em 10 horas a um pH de 810, com uma eficiência de destruição superior a 85%.

Esta tecnologia não tem sido aplicada com êxito a nível industrial devido ao custo do TiO2. Este problema é resolvido através da recuperação e reciclagem dos

microelectrodos de TiO2. No entanto, as técnicas de filtração actuais revelaram-se muito fracas na recuperação das partículas nanométricas de TIO2 e na sua posterior reciclagem para o processo fotocatalítico de destruição do cianeto.
Para superar com sucesso essa deficiência, o processo de eletrocoagulação foi utilizado para recuperar as nanopartículas de TIO2 e, posteriormente, reciclá-las para o processo de destruição de cianeto. Para separar as partículas de TIO2 dos hidróxidos de ferro, é utilizada a lixiviação com ácido sulfúrico através da seguinte reação:

$$[Fe(OH)_2.TiO_2] + H_2SO_4 = FeSO_4 + 2H_2O + TiO_2 \quad (2.19)$$

2.5.3 Investigação recente em fotocatálise

[32]A oxidação fotocatalítica do cianeto foi proposta como uma opção viável para o tratamento do cianeto e uma alternativa aos métodos químicos convencionais. [33]Outros autores relataram a fotodegradação de cianeto em águas residuais industriais utilizando TiO2 como catalisador e examinaram quantitativamente a evolução de CO2, o consumo de O2, a evolução de N2 e a
-formação do ião intermédio CNO . [33]Também a oxidação fotocatalítica do cianeto utilizando o Degussa P-25 como catalisador foi investigada por outros autores, que confirmaram que o cianeto é oxidado primeiro em cianato e depois em nitrito e nitrato.
Neste estudo, foi examinada a atividade catalítica do Degussa P-25 e do TIO2 (rutilo). -A irradiação foi efectuada à escala laboratorial, a solução de 500 ppm de CN foi fotodegradada utilizando TiO2 num meio alcalino com um pH inicial de 12. O efeito de diferentes quantidades de TiO2 para a solução de 500 ppm foi também analisado. A Tabela 2.2 apresenta uma comparação de diferentes artigos em que é utilizada a oxidação do cianeto através do método de fotocatálise.

Tabela 2.2 Comparação dos resultados obtidos para a oxidação do cianeto por fotocatálise heterogénea
fotocatálise heterogénea.

Referência do artigo	Condições de funcionamento	% de redução CN^-
[34]	0,15 g/L TiO2 400 ppm CN inicial Lâmpadas de xénon de 450 W Soluções de KCN 0,1 M Tempo 30 min. com lâmpadas de xénon e 2 dias com luz solar Anatase dopada e não dopada	84 % com lâmpada de xénon 30 min. exposição 99% com luz solar e 2 dias de exposição
[35]	0,25 g/L de TIO2, 200 ppm de potência inicial de radiação CN 150 W peróxido de hidrogénio (30% em água m/m) pH 9,5,	85 % Com um tempo de recirculação de 2 horas. 97% Recirculação 4 horas e re-injeção de H2O2
[36]	0,40 g/L TiO2 20 g CN por kWh de energia solar fornecida Tecnologia solar baseada em CPCS	Degradação completa
[37]	25 mg/L TiO2 100 ppm de CN inicial 120 min. de exposição à luz UV pH= 10,5	95 % após 8 horas de exposição solar 99 % após 2 horas de luz UV
[38]	0,50 g/L TiO2 3100 mg/dm de CN inicial 1 hora de exposição com UV pH = 12	97 % para anatase em suspensão 75 % de anatase suportada

Como pode ser visto nesta tabela, a principal limitação para o uso deste método de oxidação tem sido a recuperação de nanopartículas de TłO2, que devido à sua extrema finura não podem ser eficientemente recuperadas por métodos normais de filtração, Portanto, para remediar esta fraqueza nesta tecnologia, a tecnologia de eletrocoagulação foi usada neste estudo para recuperar mais eficientemente as partículas TłO2 e reciclá-las para a tecnologia de fotodegradação para destruição de cianeto.

2.6 remoção de arsénio de efluentes industriais

2.6.1 Arsénio

O arsénio encontra-se em muitas formas alotrópicas e tem propriedades metálicas e não metálicas. [39]O arsénio ocorre naturalmente em rochas sedimentares e vulcânicas (forma 0,00005 % da crosta terrestre) e também em águas geotérmicas. Na natureza, ocorre mais frequentemente sob a forma de sulfureto de arsénio (As_2S_3) e de arsenopirite (FeAsS), normalmente encontrados como impurezas em depósitos mineiros. As propriedades químicas do arsénio são apresentadas no Quadro 2.3.

[39]Quadro 2.3 Propriedades químicas do arsénio .

Símbolo	Como
Classificação	Elemento nitrogénico, grupo 15, metaloide
Número atómico	33
Números de oxidação	-3,0,+3,+5
Isótopos	^{75}1 isótopo natural (As) 32 instável (a meia-vida varia entre 0,09577 seg. ^{66}As e 80,3 dias, As^{73}

2.6.2 Arsénio na água

Na água (águas superficiais e subterrâneas), o arsénio encontra-se normalmente no estado de oxidação +5 (arseniato) e +3 (arsenito). $^{+5}$Nas águas superficiais com elevado teor de oxigénio, a espécie mais comum é o arsénio pentavalente ou arseniato (As). $^{+3}$[39]Em condições redutoras, geralmente em sedimentos lacustres ou águas subterrâneas, predomina o arsénio trivalente ou arsenito (As).

$^{-2}$O arsenito encontra-se em solução como H_3AsO_3, H2AsO3 , AsO4 e H_2AsO_4 , em águas naturais com pH entre 5 e 9. O arseniato encontra-se em forma estável em águas com elevados níveis de oxigénio como H3AsO4 numa gama de pH de 2 a 13. $^{+3+5+5+3}$A conversão de As em As ou de As em As é bastante lenta. $^{+3+5}$[40]Os compostos de As reduzidos podem ser encontrados em meios oxidados e os compostos de As oxidados em meios reduzidos.

2.6.3 Toxicidade

A toxicidade do arsénio depende do seu estado de oxidação, estrutura química e solubilidade em meios biológicos. A escala de toxicidade do arsénio diminui pela seguinte ordem

$^{+3+3+5\ +5}$[40]Arsina ou hidreto de hidrogénio (AsH3) > As inorgânico > As orgânico > As inorgânico > As orgânico > compostos arsenicais e arsénio elementar .

$^{+3+5}$A toxicidade do As é 10 vezes superior à do As e a dose letal para adultos é de 1 a 4 mg As/kg por pessoa. A Agência de Proteção do Ambiente dos Estados Unidos, USEPA, classifica o arsénio como um agente cancerígeno do Grupo A devido à evidência de efeitos adversos para a saúde. A exposição a 0,05 ppm pode causar 31,33 casos de cancro da pele por cada 1 000 habitantes e considerou a possibilidade de baixar o limite máximo aceitável de 0,050 ppm para 0,010 - 0,020

ppm. [41]A Agência Internacional de Investigação sobre o Cancro classificou-a no Grupo I por ter provas suficientes de carcinogenicidade para os seres humanos.
[41]A eliminação natural do corpo humano faz-se através da urina, das fezes, do suor e do epitélio da pele (descamação). Alguns estudos sobre a toxicidade do arsénio indicam que muitas das normas actuais baseadas nas diretrizes da OMS são demasiado elevadas e sugerem a necessidade de reavaliar os valores-limite com base em estudos epidemiológicos; por exemplo, em Taiwan, estimam que o valor-limite deve ser reduzido de 0,02 para 0,0005 ppm; noutros casos, parece que estes valores devem ser aumentados, de acordo com as condições regionais. [42]Na América Latina, observou-se que, para níveis semelhantes de arsénio em diferentes condições (climáticas, nutricionais e outras), o nível de efeitos é diferente.

2.6.4 Métodos de remoção de arsénio de efluentes industriais

Nos últimos 50 anos, a contaminação do ambiente foi gravemente afetada pela emissão de metais pesados (As, Pb, Cr, Hg, etc.). No caso dos efluentes químicos, o controlo destes poluentes tem sido efectuado com recurso à tecnologia convencional de ar pressurizado (colunas de bolhas, leitos empacotados e células de flotação), processos de precipitação, cimentação, processos de extração por solventes e processos que utilizam resinas selectivas, cuja tecnologia exige elevados custos de investimento e grandes espaços de instalação, o que não a torna muito atractiva, bem como a dependência e o pagamento de taxas de patentes de tecnologia estrangeira. A Tabela 2.4 apresenta as diferentes tecnologias atualmente utilizadas para o tratamento de águas contaminadas com arsénio.
Destes processos, o método mais económico e recomendado para a remoção de metais pesados, como o arsénio, de efluentes químicos é a precipitação química; um processo pelo qual as espécies metálicas de uma fase solúvel (geralmente o resíduo iónico de arsénio) são removidas da solução reagindo com um agente precipitante que é adicionado para produzir um componente insolúvel.
[45]Quadro 2.4 Tecnologias utilizadas para a remoção do arsénio da água .

Tecnologia	Vantagens	Desvantagens	Eliminação
Oxidação-Precipitação.			
Com ar.	Tecnologia simples e de baixo custo.	Processo lento.	80%
Química.	Processo relativamente simples e rápido.	Controlo específico do pH em cada tanque.	90%
Coagulação - Precipitação.			
Coagulação com alumina.	Funcionamento simples e económico.	Produz lamas tóxicas.	90%
Coagulação com ferro .	Mais eficaz do que a alumina.	Necessita de grandes tanques.	95%
Precipitação com cal.	Utiliza produtos químicos comuns.	Requer ajuste de pH em cada tanque.	91%
Tecnologias de adsorção.			
Alumina activada.	Tecnologia disponível	Substituir após 4-5	88%

	no mercado.	regenerações.	
Ferro misturado com areia.	Reagente económico.	Produz resíduos tóxicos.	93%
Resinas de permuta de Iónio.	Processo menos dependente do pH da água.	Requer uma operação e manutenção de alta tecnologia.	92%
Processos de membrana.			
Nanofiltração.	Elevada eficiência de remoção.	Custo elevado do capital.	95%
Osmose inversa.	Elevada eficiência de remoção.	Requer pessoal especializado.	96%
Electrodialise.	Elevada eficiência de remoção.	Produz águas residuais tóxicas.	95%

Neste componente sólido de origem, o metal contaminante é capturado. Os metais precipitam a vários níveis de pH, dependendo do ião metálico, e formam um sal insolúvel. [43]Subsequentemente, o precipitado pode ser separado das águas residuais através de um processo de separação física, como a sedimentação ou a filtração; no entanto, as eficiências de remoção do arsénio com estes processos de remoção são inferiores a 85% .

[44]Devido ao exposto, foi utilizado o processo eletroquímico de eletrocoagulação, que não requer a adição de produtos químicos para a remoção do arsénio e, mais importante ainda, é um processo rápido e compacto que não gera subprodutos poluentes.

2.7 Tecnologia de eletrocoagulação

O princípio da eletrocoagulação baseia-se na coagulação entre os catiões polivalentes formados pela oxidação electrolítica dos ânodos de ferro e alumínio e os contaminantes ou compostos do meio aquoso, como o $TiO2$. Neste processo, o movimento electroforético tende a concentrar as partículas de carga negativa na região anódica e os iões de carga positiva na região catódica.

[8]Consequentemente, os iões libertados pelos eléctrodos neutralizam as partículas carregadas com cargas opostas, facilitando assim a coagulação das espécies resultantes; devido à geração simultânea de gases durante a eletrólise (produção de $H2$ e $O2$), o aglomerado ou coágulo contendo o $TiO2$ flutua, eliminando ou recuperando estas espécies do efluente. A diferença entre a coagulação química e a eletrocoagulação é a origem do coagulante, uma vez que na eletrocoagulação o catião provém da dissolução do ânodo metálico, ferro ou alumínio.

[44]A eletrocoagulação é um processo frequentemente utilizado durante a última década nos Estados Unidos e na Europa para o tratamento de efluentes industriais com substâncias tóxicas. [46][47][48][49][50]Esta tecnologia é utilizada na indústria têxtil para a remoção de cores de efluentes, tratamento de óleos, remoção de gorduras de restaurantes, remoção de partículas em suspensão de efluentes e também para o tratamento de metais tóxicos de efluentes industriais. Na maioria destes estudos, os parâmetros utilizados foram determinados empiricamente e carecem de uma base química e física para o processo. Por esta razão, é necessário realizar um estudo

básico para compreender os mecanismos fundamentais do processo de eletrocoagulação.

2.7.1 Reacções no processo de eletrocoagulação

O mecanismo de eletrocoagulação é altamente dependente da química do meio aquoso, especialmente da condutividade. Outros factores como o pH, a dimensão das partículas e a concentração dos reagentes químicos também influenciam o processo. [51]A remoção de iões por CE pode ser explicada pelas seguintes reacções gerais.

3+No elétrodo de alumínio, o alumínio é dissolvido electroquimicamente para produzir espécies catiónicas monoméricas, tais como Al e $Al(OH)_2$, de acordo com as seguintes reacções:

$$Al \rightarrow Al^{3+}(aq) + 3e^- \quad (2.20)$$

$$Al^{3+}(aq) + 3H_2O \rightarrow Al(OH)_3 + 3H^+(aq) \quad (2.21)$$

$$n\,Al(OH)_3 \rightarrow Al(OH)_3 \quad (2.22)$$

$Al(OH)^{2+}$, $Al_2(OH)_2^{4+}$ y $Al(OH)_4^-$. [51]No entanto, dependendo do pH do meio aquoso, podem estar presentes no sistema outras espécies, tais como: em condições adequadas, podem formar-se espécies multiméricas de hidróxidos de alumínio, cujos complexos catiónicos em gel podem remover contaminantes por adsorção, para produzir uma neutralização das suas cargas e formar um precipitado.

No ânodo de ferro, a oxidação do ferro num sistema eletrolítico produz hidróxido de ferro, $Fe(OH)_n$, em que n =2 ou 3. Foram propostos dois mecanismos para a produção deste composto pelo processo EC:

Mecanismo 1

Ânodo:

$$4Fe_{(s)} \rightarrow 4Fe^{+2}{}_{+(aq)} + 8e^- \quad (2.23)$$

$$4Fe^{2+}_{(aq)} + 10H_2O_{(l)} + O_{2(g)} \rightarrow 4Fe(OH)_{3(s)} + 8H^+_{(aq)} \quad (2.24)$$

Cátodo:

$$8H^+_{(aq)} + 8e^- \rightarrow 4H_{2(g)} \quad (2.25)$$

Global:

$$4Fe_{(s)} + 10H_2O_{(l)} + O_{2(g)} \rightarrow 4Fe(OH)_{3(s)} + 4H_{2(g)} \quad (2.26)$$

Mecanismo 2

$$Fe_{(s)} \rightarrow Fe^2{}_{+(aq)} + 2e^- \quad (2.27)$$

Ânodo:

$$Fe^{2+}_{(aq)} + 2OH^-_{(aq)} \rightarrow Fe(OH)_{2(s)} \quad (2.28)$$

Cátodo:

$$2H_2O_{(l)} + 2e^- \rightarrow H_2(g) + 2OH^-_{(aq)} \quad (2.29)$$

Global:

$$Fe_{(s)} + 2H_2O_{(l)} \rightarrow Fe(OH)_{2(s)} + H_{2(g)} \quad (2.30)$$

O $Fe(OH)_n$ formado permanece na solução aquosa como uma suspensão tipo gel, que pode remover os poluentes do efluente por complexação ou atração eletrostática, seguida de coagulação. Uma hipótese é que o modo de complexação na superfície do contaminante ocorre quando o contaminante actua como um ligando para formar uma ligação química com os hidróxidos de ferro. 3+[51]A pré-hidrólise dos catiões Fe pela CE permite a formação de ligações reactivas para o tratamento de águas residuais.

2.7.1.1 Reacções de eletrocoagulação a diferentes pHs

[52]O mecanismo de eletrocoagulação com eléctrodos de ferro a diferentes pH foi proposto por Hector A. Moreno .

Para pH <4

Ânodo:

$$Fe \rightarrow Fe^{+2} + 2e^{-} \qquad (2.31)$$

$$Fe \rightarrow Fe^{+3} + 3e^{-} \qquad (2.32)$$

Catodo:

$$2H^{+} + 2\,e^{-} \rightarrow H_{2(g)}\uparrow \qquad (2.33)$$

A eletroquímica depende da cinética e da termodinâmica. A CE pode ser considerada como um processo de corrosão acelerado. +52]A velocidade da reação dependerá da eliminação [H] através da evolução de H 2.

Para pH 4<pH<7

Ânodo: Reacções (2.31) e (2.32)

Observações: O ferro também sofre hidrólise.

$$Fe + 6H_2O \rightarrow Fe(H_2O)_4(OH)_{2\,(aq)} + 2H^{+1} + 2e^{-1} \qquad (2.34)$$

$$Fe + 6H_2O \rightarrow Fe(H_2O)_3(OH)_{3\,(aq)} + 3H^{+1} + 3e^{-1} \qquad (2.35)$$

O hidróxido de Fe(III) começa a precipitar com um floco amarelo.

$$Fe(H_2O)_3(OH)_{3\,(aq)} \rightarrow Fe(H_2O)_3(OH)_{3\,(s)} \qquad (2.36)$$

$$2Fe(H_2O)_3(OH)_3 \leftrightarrow Fe_2O_3\,(H_2O)_6 \qquad (2.37)$$

Catodo:

$$2H^{+} + 2\,e^{-} \rightarrow H_2(g)\uparrow \qquad (2.38)$$

Para pH 6<pH<9

Ânodo: Reacções (2.31) e (2.32).

A precipitação de hidróxido de Fe(III) continua, e a precipitação de hidróxido de Fe(II) também ocorre, apresentando um floco verde escuro.

O pH para a solubilidade mínima do $Fe(OH)_n$ situa-se no intervalo de 7-8. O floco electrocoagulado é formado devido à polimerização dos oxihidróxidos de ferro.

$$Fe(H_2O)_4(OH)_{2\,(aq)} \rightarrow Fe(H_2O)_4(OH)_{2\,(s)} \quad (2.39)$$

$$2Fe(OH)_3 \leftrightarrow Fe_2O_3 + 3H_2O \text{ (hematita, magemita)} \quad (2.40)$$

$$Fe(OH)_2 \leftrightarrow FeO + H_2O \quad (2.41)$$

$$2Fe(OH)_3 + Fe(OH)_2 \leftrightarrow Fe_3O_4 + 4H_2O \text{ (magnetita)} \quad (2.42)$$

$$Fe(OH)_3 \leftrightarrow FeO(OH) + H_2O \text{ (goetita, lepidocrocita)} \quad (2.43)$$

[53][53]A hematite, a magemite, a magnetite, a lepidocrocite e a goetite foram identificadas por CE por Parga e Gomes.

Cátodo $2H^{+} + 2e^{-} \rightarrow H_{2(g)}\uparrow$ (2.44)

+[52]A evolução do hidrogénio ocorre de forma importante, mas o [H] provém agora da hidrólise do ferro e dos ácidos fracos.

Outras reacções incluem:

$$Fe + 6H_2O \rightarrow Fe(H_2O)_4(OH)_{2\,(s)} + H_{2(g)}\uparrow \quad (2.45)$$

$$Fe + 6H_2O \rightarrow Fe(H_2O)_3(OH)_{3\,(s)} + 1\tfrac{1}{2} H_{2(g)}\uparrow \quad (2.46)$$

As condições em toda a célula não são concentrações constantes, as espécies e o pH estão a mudar. Este facto pode ser ilustrado com um diagrama de Pourbaix do Fe. [52]O processo parece ocorrer na região paralela à cinética de evolução do hidrogénio e as condições mudam para a direita, como se mostra na Figura 2.6.

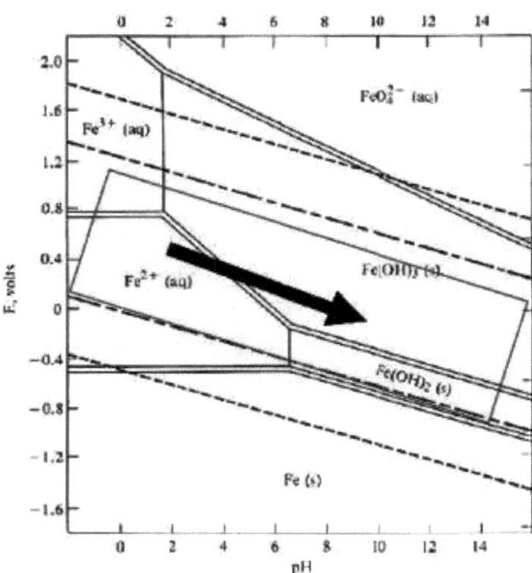

Figura 2.6. [53]Diagrama de Pourbaix para o Fe, mostrando a região e a direção em que se processa a eletrocoagulação.

Assim, o processo de eletrocoagulação é realizado com base no princípio de que a coagulação é efectuada com os iões produzidos electrocineticamente a partir dos ânodos de ferro e alumínio que adsorvem os poluentes do meio aquoso que contém as espécies a remover ou recuperar. A ideia geral é utilizar a produção de catiões polivalentes formados pela oxidação dos ânodos (Fe e Al) e os gases produzidos durante a eletrólise (H_2 e O_2) para a remoção de partículas nanométricas (TЮ2) e metais pesados dissolvidos (arsénio).

Neste processo, o movimento electroforético tende a concentrar as partículas de carga negativa na região anódica e os iões de carga positiva na região catódica. Consequentemente, os iões libertados pelos eléctrodos neutralizam as partículas de carga oposta, facilitando assim a coagulação. A Figura 2.7 ilustra o diagrama esquemático do processo acima descrito.

Durante o processo, as bolhas produzidas pelos gases formados pela eletrólise podem adsorver as partículas ou coagulados contendo TЮ2 e arsénio, sendo transportados para o topo do reator onde são concentrados e removidos. ¯Também os iões metálicos podem reagir com os iões OH produzidos no cátodo onde ocorre a evolução do hidrogénio e forma um hidróxido insolúvel que adsorve os contaminantes da solução e também contribui para a coagulação devido à neutralização das partículas coloidais de TЮ2 e arsénio. [53]Este comportamento de aglomeração de partículas também se deve à influência das forças de atração de van der Walls.

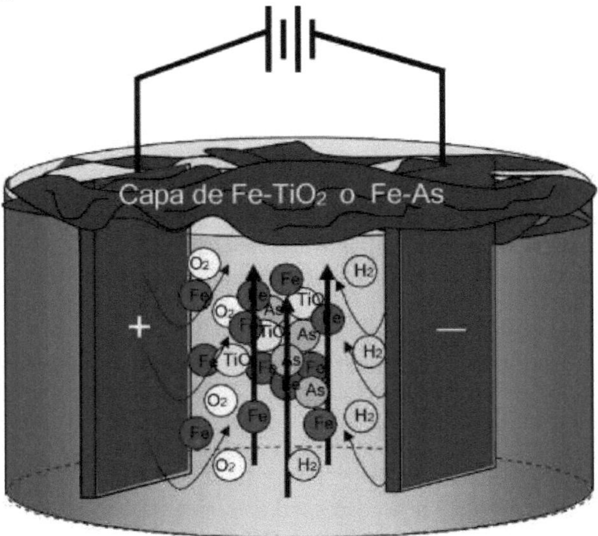

Figura 2.7. [53]Diagrama esquemático do processo de eletrocoagulação .

De um modo geral, este processo apresenta as seguintes vantagens: Os efluentes tratados são isentos de impurezas como cor, odor e sólidos; uma vez que é aplicado um campo elétrico, as partículas coloidais podem ser removidas, facilitando assim a clarificação da fase aquosa; a unidade de tratamento é pouco volumosa e a manutenção é muito fácil, uma vez que não tem partes móveis; finalmente, esta tecnologia pode ser utilizada em zonas remotas do país onde existem problemas de eletricidade, uma vez que a energia solar pode ser utilizada para realizar este

processo.
Segue-se uma comparação do processo de EC com o tratamento biológico e químico:
[54]- Eletrocoagulação v/s tratamento biológico :

- O sistema de eletrocoagulação aplicado às águas residuais, em comparação com os sistemas biológicos convencionais, requer menos área de superfície (50 a 60% menos).
- Os tempos de residência da eletrocoagulação são de 10 a 60 segundos, em comparação com os sistemas biológicos que requerem 12 a 24 horas.
- São unidades compactas, fáceis de operar, com menor consumo de energia e produção de lamas (mais compactas) do que os sistemas biológicos convencionais.
- As células de eletrocoagulação são construídas na FVR e instaladas no terreno. Por conseguinte, não requerem grandes obras de construção civil, como os sistemas químicos e biológicos.
- Os custos de investimento são 50% inferiores aos dos sistemas biológicos.
- ^{3}O consumo de eletricidade por m3 de água tratada (entre 0,1 e 1 Kwh/m) é inferior ao dos sistemas de tratamento convencionais.
- São unidades 100% automáticas, que são utilizadas quando necessário, com tempos de resposta de 10 a 60 segundos, ao seu nível de eficiência.

[54]- Eletrocoagulação versus tratamento químico :

- São unidades compactas, fáceis de operar, com menor consumo de energia e produção de lamas (mais compactas) do que os sistemas convencionais de tratamento químico.
- As células de eletrocoagulação são construídas na FVR e instaladas no terreno. Por conseguinte, não requerem grandes obras de construção civil, como os sistemas químicos e biológicos.
- ^{3}O consumo de eletricidade por m3 de água tratada, entre 0,1 e 1 Kwh/m, é inferior ao dos sistemas de tratamento convencionais.
- Os custos de funcionamento são 50% a 60% inferiores aos dos sistemas químicos.
- Adaptável a diferentes tipos de processos.

O processo de eletrocoagulação é um processo inovador no qual será estudado o mecanismo cinético e termodinâmico de adsorção de nanopartículas de TЮ2 e iões de arsénio sobre espécies de magnetite e goetite geradas nos elétrodos de ferro utilizados no reator EC.

2.7.2 Densidade da corrente

[55]A densidade de corrente é a relação entre a corrente fornecida aos eléctrodos e a área dos eléctrodos, calculada pela fórmula :

$$D = \frac{I}{A} \qquad (2.47)$$

Onde:
^{2}D = Densidade da corrente (Amp/cm)
I= Corrente aplicada (amperes)
^{2}A = Área dos eléctrodos (cm)

2.7.3 Disolução do elétrodo

A quantidade de metal que é dissolvida ou depositada depende da quantidade de eletricidade que passa através da solução de eletrocoagulação e do tempo de permanência da água na célula de eletrocoagulação.

-2-2[55]Uma relação simples entre a densidade da corrente (A cm.) e a quantidade de substância (M) dissolvida (g de M por cm.) é derivada da lei de Faraday :

$$W = \frac{(D * t * M)}{nF} \qquad (2.48)$$

Onde:

-2W = Quantidade de material do elétrodo dissolvido (gramas por cm.)

-2D = Densidade da corrente (A por cm)

t = Tempo (em segundos).

M = Massa molar relativa do elétrodo.

n = Número de electrões na reação redox.

F = constante de Faraday (96,500 columbia)

2.7.4 Consumo de energia

[55]O consumo de energia de um reator de eletrocoagulação pode ser calculado com a equação :

$$E = \frac{(I * v * t)}{1000} \qquad (2.49)$$

Onde:

E= Energia (kW^hr)

I = Corrente (Amperes) v = Carga (volts) t = Tempo (horas)

2.7.5 Custo do tratamento

[55]O custo do tratamento da energia fornecida é calculado através da seguinte fórmula :

$$C = E^*Ce \qquad (2.50)$$

Onde:

C = Custo do tratamento

E = energia (Kw.hr)

Ce = Custo de 1 Kw.hr de energia

2.8 Análise termodinâmica

2.8.1 Isotérmica de Langmuir

Em 1918, I. [56]Langmuir deduziu a isotérmica de tipo I (corresponde a uma adsorção monocamada, é a isotérmica caraterística de um processo de fisissorção ou quimissorção) utilizando um modelo simplificado da superfície de um sólido:

- A superfície oferece um certo número de posições para adsorção e todas são equivalentes.
- Apenas uma molécula é adsorvida em cada posição.
- A sua adsorção é independente da ocupação das posições vizinhas (as moléculas adsorvidas não interagem umas com as outras sQ.

[56]O processo de adsorção dinâmica pode ser considerado como :

$$A_{(liq)} + M_{(sol)} \underset{Kd}{\overset{Ka}{\longleftrightarrow}} A - M_{(sol)} \qquad (2.51)$$

k_a: constante de velocidade de adsorção k_d: constante de velocidade de dessorção.

[56]Para exprimir a extensão da adsorção, introduz-se a fração de revestimento 0, tendo em conta que apenas uma molécula pode ser adsorvida em cada posição :

$$\Theta = \frac{\text{no. moléculas adsorbidas}}{\text{no. posiciones adsorción}} = \frac{\text{no. posiciones ocupadas}}{\text{no. posiciones adsorción(N)}} \quad (2.52)$$

nº de moléculas adsorvidas nº de posições de adsorção

n.º de posições ocupadas n.º de posições de adsorção(N)

Onde N é o número total de posições de adsorção na superfície.
Num instante t é cumprido:
-número de posições de adsorção ocupadas = cN
-número de posições de adsorção livres $= N - \Theta N = N(1-\Theta)$
Se considerarmos a cinética de primeira ordem em relação a cada membro, obtemos que a taxa de adsorção é proporcional ao número de colisões entre as moléculas da fase líquida e as posições de adsorção vazias, uma vez que apenas uma monocamada é formada:

$$V_a = k_a C(1-\Theta)N \quad (2.53)$$

A taxa de dessorção será proporcional ao número de moléculas adsorvidas:

$$V_d = K_d N\Theta \quad (2.54)$$

As duas velocidades são igualadas no equilíbrio, de onde se obtém

$$k_a CN(1-\Theta) = k_d = N\Theta \quad (2.55)$$

$$k_a P - k_a C\Theta = k_d \Theta \quad (2.56)$$

Se limparmos a fração de revestimento:

$$\Theta = \frac{k_a C}{k_d + k_a C} \quad (2.57)$$

Definindo a constante de equilíbrio como $K=ka/kd$ obtém-se a isotérmica de Langmuir:

$$\Theta = \frac{KC}{1+KC} \quad (2.58)$$

Em alternativa, esta expressão pode ser deduzida do equilíbrio entre produtos (moléculas adsorvidas) e reagentes (posições livres e moléculas de gás):

$$K = \frac{N(1-\Theta)}{N\Theta C} \quad (2.59)$$

A constante K = ka /kd determina o estado de equilíbrio a uma dada pressão. [56]Esta relação dá origem à conhecida isotérmica de Langmuir, que tende a ajustar-se melhor aos dados experimentais do que a isotérmica de Freundlich.

2.8.1.1 Fator de separação

Uma caraterística da isotérmica de Langmuir pode ser expressa em termos de uma constante adimensional denominada fator de separação ou parâmetro de equilíbrio R_L, que é utilizada para prever se um sistema de adsorção é favorável ou desfavorável. [56]O fator de separação é definido pela seguinte equação :

$$R_L = \frac{1}{1+bC_0} \quad (2.60)$$

0

Onde C_o é a concentração inicial do sistema de adsorção e b é a constante de Lagmuir, a isoterma é desfavorável se $R_L > 1$, a isoterma é linear se $R_L = 0$, a isoterma é favorável quando $0 < R_L < 1$ e a isoterma é irreversível quando $R_L = 0$.

2.8.1.2 Outras isotérmicas de adsorção

Como já foi referido, a isotérmica de Langmuir tende a ajustar-se melhor aos dados experimentais do que outras isotérmicas, como a de Freundlich e a DR (Dubinin-Radushkevich). Estas isotérmicas são apresentadas de seguida para uma comparação dos ajustes dos dados. As isotérmicas são apresentadas na forma normal e linear.

2.8.1.1.2.1 Isotérmica de Freundlich

[57]A equação de Freundlich é uma equação empírica utilizada para descrever sistemas heterogéneos, que se caracterizam pelo fator de heterogeneidade 1/n , pelo que a equação empírica pode ser escrita:

$$N = K_F C_e^{1/n} \qquad (2.61)$$

Em que N é a concentração da fase sólida (mg/g), C_e é a concentração da fase líquida (mg/L), K_F é a constante de Freundlich e 1/n é o fator de heterogeneidade. A forma linear da expressão de Freundlich é obtida tomando os logaritmos da equação (2.61):

$$\ln N = \ln K_F + \frac{1}{n} \ln C_e \qquad (2.62)$$

Por conseguinte, ao traçar o gráfico de ln N vs C_e, é possível determinar a constante KF e o expoente 1/n, que são constantes de Freundlich e representam a capacidade de adsorção e a intensidade de adsorção, respetivamente. [57]Quando n>1 representa condições de adsorção favoráveis.

2.8.1.2.2 Isotérmica D-R (Dubinin-Radushkevich)

A isotérmica D-R é mais geral do que a isotérmica de Langmuir, porque não assume uma superfície homogénea ou um potencial de sorção constante. A equação é:

$$N = N_{max} \exp(-K\varepsilon^2) \qquad (2.63)$$

A forma linear da isotérmica D-R é obtida tomando os logaritmos da equação (n) e é mostrada na seguinte equação:

$$\ln N = \ln N_{max} - K\varepsilon^2 \qquad (2.64)$$

[57]Em que N é a quantidade adsorvida, K é uma constante relacionada com a energia de adsorção, N_{max} é a capacidade de saturação teórica, e é o potencial de Polanyi igual a RT ln $(1+1/C_e)$.

2.8.2 Número de moles adsorvidos por grama de adsorvente

[58]A partir da diferença entre as concentrações inicial e final de TłO2 ou arsénio, pode calcular-se o volume de solução utilizado e a massa de hidróxidos de ferro dissolvidos (m_c), N, que é o número de moles adsorvidos por grama de adsorvente .

O número de moles adsorvidos por grama de adsorvente é calculado a partir da equação:

$$N = V * \frac{Co - C}{m_c} \qquad (2.65)$$

Onde:

N= Número de moles adsorvidos por grama de adsorvente

V = Volume da solução

Co = Concentração inicial

C = Concentração final

m_c= Massa de hidróxido dissolvido

2.8.3 Cálculo de Nmax e da constante de Langmuir (K)

Se assumirmos que Nmax é a quantidade máxima de adsorvato que pode ser adsorvida num grama de hidróxido de ferro, o grau de cobertura 0 é 0 = N/Nmax. Nestas condições, a isotérmica de Langmuir (equação 2.58) pode ser reescrita da seguinte forma:

$$N = \frac{N_{max} KC}{1 + KC} \qquad (2.66)$$

E reorganizar como:

$$\frac{C}{N} = \frac{C}{N_{max}} = \frac{1}{KN_{max}} \qquad (2.67)$$

[58]Se o sistema seguir o comportamento descrito pela isotérmica de Langmuir, o gráfico da relação C/N em função da concentração de equilíbrio C deverá apresentar uma linha reta com declive 1/Nmax e ordenada à origem 1/KNmax .

2.8.4 Área específica BET (Brunauer, Emmet e Teller)

A teoria BET é uma técnica bem conhecida para a adsorção física de uma molécula gasosa numa superfície sólida, que é a base de uma importante técnica analítica para a medição da área de superfície específica de um material.

O conceito da teoria é uma extensão da teoria de Langmuir, que é a base da adsorção molecular monocamada para a adsorção multicamada com os seguintes pressupostos: a) As moléculas de gás adsorvem-se fisicamente num sólido de camadas infinitas, b) Não há interação entre cada camada de adsorção e c) A teoria de Langmuir pode ser aplicada a cada camada. [59]A equação BET resultante é a seguinte :

$$\frac{1}{V[(Po/P) - 1]} = \frac{C-1}{VmC}(\frac{P}{Po}) + \frac{1}{VmC} \qquad (2.68)$$

P e P_o são a pressão de equilíbrio e a pressão de saturação do adsorvato à temperatura de adsorção, V é a quantidade de gás adsorvido (por exemplo, em unidades de volume e) e Vm é a quantidade de gás adsorvido na monocamada C é a constante BET, expressa por

$$C = \exp(\frac{E_1 - E_L}{RT}) \quad (2.69)$$

E1 é o calor de adsorção para a primeira monocamada e EL é para a segunda e camadas superiores e é igual ao calor de liquefação.

2.8.4.1 Gráfico BET

$1 / v[(P_0 / P) - 1]$, $\varphi = P / P_0$, A equação (2.68) é uma isotérmica de adsorção e pode ser traçada como uma linha reta com o eixo y no eixo x de acordo com os resultados experimentais. Este gráfico é designado por gráfico BET (Figura 2.8). A relação linear desta equação é válida apenas no intervalo de 0,05 $< P/P_0 <$ 0,35.

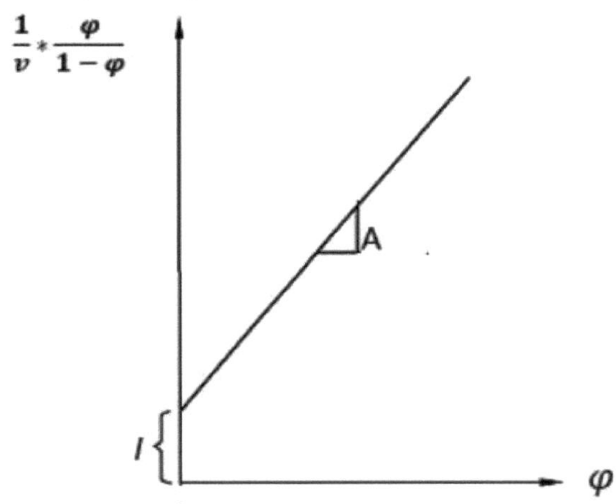

Figura 2.8. [59]Gráfico BET .

O valor do declive A e a ordenada à origem y da reta são utilizados para calcular a quantidade de gás adsorvido na monocamada Vm e a constante BET c. São utilizadas as seguintes equações.

$$Vm = \frac{1}{A + I} \quad (2.70)$$

$$C = 1 + \frac{A}{I} \quad (2.71)$$

O método BET é amplamente utilizado para o cálculo das áreas de superfície de sólidos por adsorção física de moléculas de gás. [59]A área de superfície total S_{total} e a área de superfície específica S são avaliadas com as seguintes equações :

$$S_{BET,total} = \frac{(VmNs)}{V} \quad (2.72)$$

$$S_{BET} = \frac{S_{total}}{a} \quad (2.73)$$

N : Número de Avogadro
S: secção transversal de adsorção
V: Volume molar do gás adsorvente
A: Massa molar da espécie adsorvida
[2]O valor habitual para adsorventes constituídos por partículas pequenas e porosas situa-se entre 10 e 1.000 m /g.

2.8.5 Termodinâmica da reação

Utilizando as seguintes relações, foram calculados os parâmetros termodinâmicos do processo de adsorção:

$$\Delta G^\circ = -RT\ln b \quad (2.74)$$

$$\Delta H^\circ = -RT\ln b - b_0 \quad (2.75)$$

$$\Delta S^\circ = \frac{\Delta H^\circ - \Delta G^\circ}{T} \quad (2.76)$$

Em que AH° é a variação de enta^a, AS° é a variação de entrop^a, AG é a variação da energia livre de Gibbs, b e b_0 são as constantes de Langmuir na concentração final e inicial. O valor negativo da energia livre sugere a viabilidade do processo em ambos os casos. [60]O valor negativo da entalpia confirma a natureza exotérmica do processo e, além disso, o valor positivo da variação da entropia mostra a crescente aleatoriedade do processo.

2.9 Análise cinética

2.9.1 Modelo de Langmuir-Hinshelwood

[61]O modelo cinético de Langmuir-Hinshelwood prevê o comportamento da taxa de reação com a seguinte equação :

$$r = -\frac{dc}{dt} = \frac{kKC}{KC+1} \quad (2.77)$$

[61]Onde k representa a constante cinética da reação, K a constante de equilíbrio de adsorção de cianetos e C a concentração de TiO2 ou AS . Esta equação pode ser linearizada para ajustar os dados experimentais ao modelo e encontrar as respectivas constantes (tabela 2.5 e figura 2.9).

$$-\frac{dt}{dc} = \frac{1}{k} * \frac{1}{C} + \frac{1}{kK} \quad (2.78)$$

As constantes k e K são calculadas a partir de:

$$y = mx + b \quad (2.79)$$

$$m = 1/kK \quad (2.80)$$

$$b = 1/k \quad (2.81)$$

$$k = 1/b \quad (2.82)$$

$$K = b/m \quad (2.83)$$

[61]Quando a constante cinética (k) é superior à constante de adsorção (K), significa que o fenómeno que controla o processo de recuperação ou de remoção dos compostos é a taxa de adsorção dos poluentes (fase 2 da adsorção) na superfície do catalisador e não a taxa de conversão dos poluentes (fase 3 do processo de adsorção).

Tabela 2.5. [61]Exemplo de dados experimentais para traçar o modelo de Langmuir-Hinshelwood.

Tempo (min)	[CN] ppm	1/C	dt/dC
0	405.74	0.00246463	0.28143884
15	347.56	0.0028772	0.32764652
30	309.46	0.00323144	0.36732077
45	275.54	0.00362924	0.41187456
60	245.34	0.00407598	0.46190933
90	180.02	0.00555494	0.62755309
120	139.98	0.00714388	0.8055143

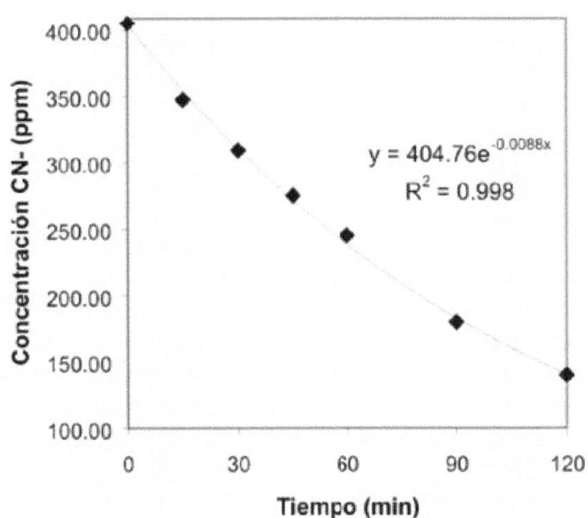

Tempo (min)

Figura 2.9 Gráfico do modelo Langmuir -Hinshelwood da concentração CN vs. [61]tempo .

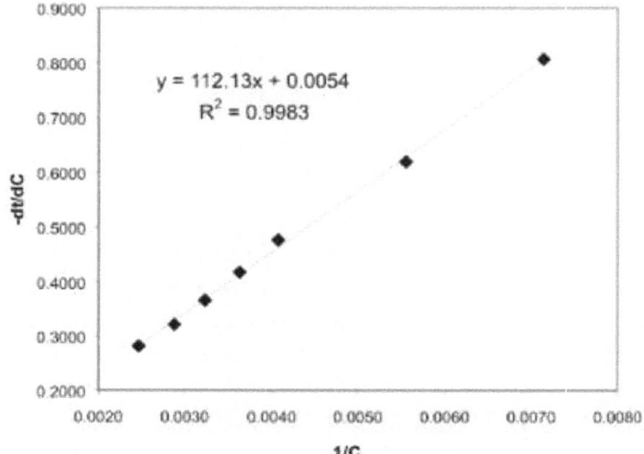

[61]Figura 2.10 Modelo de Langmuir-Hinshelwood, gráfico de -dt/dC vs 1/C .

As velocidades de reação calculadas a partir do modelo cinético de primeira ordem são:

[61]Taxa de redução do TiO_2 :

$$-r = \frac{-dC_{TiO2}}{dt} = m * C_{TiO2} \quad (2.84)$$

Onde:

- r = taxa de redução do TiO_2

C_{TiO2} = concentração de TiO_2

m = declive do gráfico concentração-tempo

Como taxa de redução:

$$-r = \frac{-dC_{As}}{dt} = m * C_{As} \quad (2.85)$$

Onde:

- r = Taxa de redução de As

C_{As} = concentração de As

m = declive do gráfico concentração-tempo

2.9.2 Etapas da análise heterogénea

[62]Para que ocorra a reação entre o adsorvato (dióxido de titânio ou arsénio) e o adsorvente (hidróxidos de ferro), são necessárias as seguintes etapas :

1) Difusão das moléculas de reagente para a superfície do sólido.
2) Quimisorção ou fisiadsorção (dependendo do valor ДH do sistema) de pelo menos uma das espécies reactivas na superfície
3) Reação química na superfície
4) Dessorção de produtos de superfície
5) Difusão dos produtos na fase fluida

O mais lento destes processos determinará a velocidade da reação. As etapas de difusão 1 e 5 dependem da temperatura, pressão e concentração de adsorvato e são geralmente rápidas, pelo que qualquer uma das etapas 2, 3 ou 4 pode ser a etapa limitante (mais lenta). Langmuir assumiu que a etapa 2 ou 3 da reação de superfície é a etapa mais lenta do processo, Para saber qual destas etapas é a etapa limitante, é necessário conhecer os valores das constantes cinéticas e de adsorção. Quando a constante cinética é superior à constante de adsorção, o fenómeno de controlo ou a etapa mais lenta do processo é a adsorção (quimisorção ou fisiadsorção) na superfície do adsorvente (etapa 2). [62]Quando a constante de adsorção é superior à constante cinética, a fase mais lenta é a reação química na superfície (fase 3).

III EXPERIMENTAÇÃO

Neste capítulo foram realizadas experiências para realizar um estudo termodinâmico e cinético da adsorção de dióxido de titânio e arsénio sobre espécies de ferro geradas por eletrocoagulação. O primeiro passo foi a oxidação do cianeto através do processo de fotocatálise com nanopartículas de dióxido de titânio, Em segundo lugar, foram realizados ensaios de eletrocoagulação para recuperar o dióxido de titânio da oxidação fotocatalítica e, por último, foram realizados ensaios de remoção de arsénico através do processo de eletrocoagulação. Os ensaios de eletrocoagulação foram então realizados em duas partes, a primeira parte para realizar a adsorção e o estudo termodinâmico e a segunda parte para realizar o estudo cinético.

III.1 Determinação de cianetos

3.1.1 Análise potenciométrica

Este método é adequado para concentrações inferiores a 100 ppm e baseia-se na criação de uma diferença de potencial elétrico causada pela presença de cianeto. Este potencial é transmitido por um elétrodo seletivo e comparado com o potencial de um elétrodo de referência. [63]Neste método, o pH>11 deve ser considerado para evitar a formação de HCN .

3.1.3 Equipamento utilizado

Para a curva de calibração, foi utilizado um potenciómetro Corning modelo 130, com dois eléctrodos, um de referência e outro de cianeto, da marca Orion.

III.2 Ensaios de fotocatálise

Os testes de oxidação fotocatalítica do cianeto foram efectuados num copo de 400 ml. Foi utilizada uma concentração de catalisador de 1,25, 1,0, 0,75, 0,5 e 0,25 g/L de dióxido de titânio Degussa P-25.25 g/L de dióxido de titânio Degussa P-25, que é reconhecido pela sua elevada atividade fotocatalítica, tornando-o o material mais utilizado em aplicações fotocatalíticas ambientais; A concentração inicial de cianeto era de 400 ppm, esta solução foi preparada a partir de NaCN, um reagente anáctico com 95% de pureza, fabricado pela Productos Quimicos de Monterrey, foi utilizada uma lâmpada de halogéneo Regent de 450 W como fonte de luz durante 30 minutos com agitação, colocando a fonte de luz no topo do copo para irradiação direta (Figura 3.1). Para a determinação do cianeto, foi utilizada a técnica do elétrodo de iões selectivos de cianeto com um pH de 11 para evitar a formação de HCN.

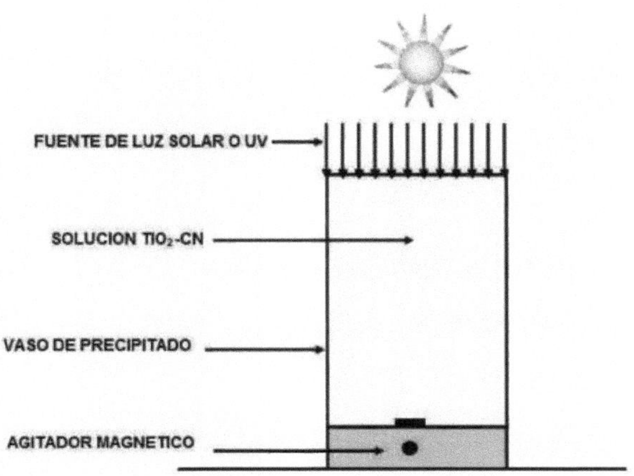

Figura 3.1 Diagrama esquemático da oxidação fotocatalítica do CN .

O quadro 3.1 resume as condições de ensaio:

Tabela 3.1 Condições de ensaio de fotocatálise.

Amostra	[TiO2] g/L	pH	$[CN]_{inicial}$ ppm	Potência (W)
1	0.50	11	400	450
2	0.75	11	400	450
3	1.0	11	400	450
4	1.50	11	400	450
5	2.0	11	400	450

III.3 Testes de eletrocoagulação

3.3.1 Eletrocoagulação de TiO2

Os ensaios de eletrocoagulação do TiO2 foram efectuados num copo de 400 ml, utilizando dois eléctrodos de ferro de 7 cm de altura por 4 cm de largura e com uma separação entre eles de 5 mm. O volume utilizado foi de 350 ml (Figura 3.2).

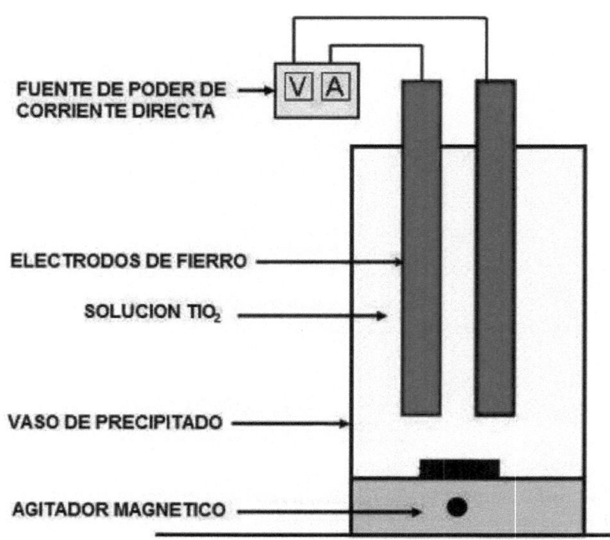

Figura 3.2. Diagrama esquemático do ensaio de eletrocoagulação.

No reator de eletrocoagulação, as placas de ferro permitem a utilização de gases O2 e H_2 gerados a partir da eletrólise da água para ajudar a remover as espécies ferrosas e férricas associadas ao dióxido de titânio. Foi utilizado um transformador variável para controlar a tensão e a corrente. A solução foi preparada com água destilada e a condutividade foi controlada pela adição de 1 g de NaCl por litro de água. O pH foi ajustado com uma solução de NaOH 0,13 M. A solução e os sólidos foram separados por filtração através de papel de filtro e as lamas de eletrocoagulação foram secas durante 8 horas numa estufa a 80 graus Celsius. Na tabela 3.2 e 3.3 temos as condições de funcionamento da inalação.

Tabela 3.2. Condições de operação por inalação para o TiO_2.

Amostra (g/L)		pH	Condutividade (MS)	Tensão (volt)	Tempo (min.)	Corrente (A)
1	0.50	9	4.10	11.3	30	0.46
2	0.75	9	4.14	10.9	30	0.44
3	1.0	9	4.13	10.62	30	0.45
4	1.50	9	4.10	11.3	30	0.46
5	2.0	9	4.14	10.9	30	0.44
6	2.5	9	4.13	10.62	30	0.45
7	3.0	9	4.14	10.9	30	0.44

Para obter os dados cinéticos (variação tempo-concentração) foram recolhidas amostras de 5 em 5 minutos até completar os 30 minutos de funcionamento, foram recolhidas 7 amostras para cada concentração de TiO_2, o número de ensaios é apresentado na tabela 3.3.

Tabela 3.3 Bloco de experiências para eletrocoagulação com TiO_2.

Amostra	Tempo (min)

1	0
2	5
3	10
4	15
5	20
6	25
7	30

Para medir as concentrações iniciais e finais das amostras aquosas, foi utilizada a espetrometria de absorção atómica (equipamento Shimadzu modelo 6701). O produto sólido foi caracterizado por difração de raios X (difratómetro Phillips X-PERT) e microscopia eletrónica de varrimento (FEI Quanta 2000, Oxford Instruments).

3.3.2 Eletrocoagulação As

Os ensaios de eletrocoagulação do As para determinar o número de moles adsorvidos foram realizados da seguinte forma: para determinar os parâmetros de adsorção e termodinâmicos, os ensaios foram realizados num copo de 400 ml, com 2 eléctrodos de ferro de 6 cm de altura por 3 cm de largura e com uma separação entre eles de 5 miKm. O volume utilizado foi de 350 ml (Figura 3.2). Os ensaios para determinar os parâmetros cinéticos foram realizados no reator de 1,3 litros, este reator tem 6 placas de ferro com 15 cm de largura por 3 cm de largura.
25 cm de alto, figura 3.3.

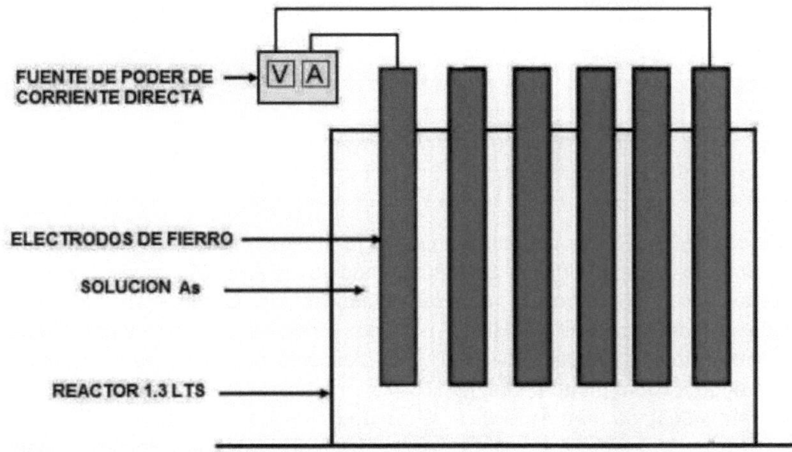

Figura 3.3 Diagrama esquemático do reator de 1,3 litros.

As soluções sintéticas de arsénio foram preparadas a partir de arsenato de sódio anáctico com 97 % de pureza (podem também ser utilizados o arsenito de sódio e o padrão de arsénio) fabricado pela Monterey Chemicals, tendo o pH sido ajustado com ácido clorídrico 0,1 N.

Foram efectuados dois grupos de ensaios, o primeiro para determinar o número de moles adsorvidos, foram utilizadas as seguintes concentrações: 1, 2, 5, 7, 13, 20 e 30 ppm. As tabelas 3.4 e 3.5 mostram as condições iniciais e as concentrações utilizadas nestes ensaios, a tabela 3.6 mostra o bloco de experiências para o segundo grupo de ensaios.

Quadro 3.4 Condições de funcionamento para o ensaio As 1.

Amostra (ppm)		pH	Condutividade (RS)	Tensão (volts)	Corrente (Amperes)	Tempo (min)
1	1	2.86	4.20	8.5	0.41	5
2	2	2.90	4.10	12.1	0.46	5
3	5	3.05	4.15	10	0.49	5
4	7	2.95	3.90	12.80	0.41	5
5	13	2.90	3.96	10.7	0.46	5
6	20	3.02	4.05	10.25	0.50	5
7	30	4.17	4.12	6.68	0.75	5

Tabela 3.5. Condições iniciais de funcionamento para o ensaio As 2.

Amostra (ppm)	pH	Temperatura ° C	Corrente (Ampere)	Tensão (Volt)	Tempo (Min)
5	3.55	23	0.65	15.43	30
10	3.26	22	0.63	18.76	30

Tabela 3.6 Bloco de experiências para o segundo conjunto de testes.

Amostra	Tempo (min)
1	0
2	2
3	4
4	6
5	8
6	10

Para a caraterização das amostras aquosas foi utilizada a técnica de espetrometria de plasma, o equipamento é Shimadzu modelo EPA 610C, estes testes foram realizados no laboratório de análises químicas da Corporação Mexicana de Investigação em Materiais (COMIMSA). Os pós foram caracterizados por difração de raios X (difratómetro Phillips X-PERT) e microscopia eletrónica de varrimento (FEI Quanta 2000, Oxford Instruments) no ITS.

III.4 Determinação da área específica utilizando o método BET

Para a determinação da área específica do produto sólido obtido da eletrocoagulação para a recuperação de dióxido de titânio e arsénio, foi utilizado um equipamento Micromeritics modelo ASP 2020, estes ensaios foram realizados no Departamento de Metalurgia e Materiais da Colorado School of Mines, localizado em Golden Colorado, EUA.

Para esta análise, as amostras foram tratadas para remover contaminantes adsorvidos através da desgaseificação da amostra durante um período de 12 horas e pesadas num tubo de amostragem. °As amostras foram então arrefecidas a - 197 C e uma quantidade conhecida de N2 foi passada em doses controladas durante 12 horas. A quantidade de azoto adsorvido permitiu-nos obter a área de superfície dos poros abertos da amostra. As condições de funcionamento para esta medição são apresentadas na tabela 3.7.

Quadro 3.7 Condições de funcionamento para a medição da superfície.

Tempo de desgaseificação (hrs)	Tempo de adsorção N2 (horas)	°Temperatura da casa de banho (C)	Tamanho da amostra (gramas)
12	12	- 197.432	0.680

IV ANÁLISE E DISCUSSÃO DOS RESULTADOS

Neste capítulo será feita uma análise detalhada das experiências realizadas a nível laboratorial para a determinação da adsorção de dióxido de titânio e arsénio sobre as espécies magnéticas de ferro geradas pelo processo eletroquímico de eletrocoagulação. O primeiro passo é quantificar a concentração de cianeto na solução:

III.5 Curva de calibração para medição de cianetos

A curva de calibração foi obtida a partir dos seguintes dados experimentais:

Tabela 4.1 Concentração de CN- em forma logarítmica.

mV	Log Concentração CN-
-142	0
-156.70	0.25
-177.68	0.60
200.62	1
-223.56	1.4
-231.12	1.53
-258.28	2

Para a medição do cianeto, foi construída a seguinte curva de calibração.

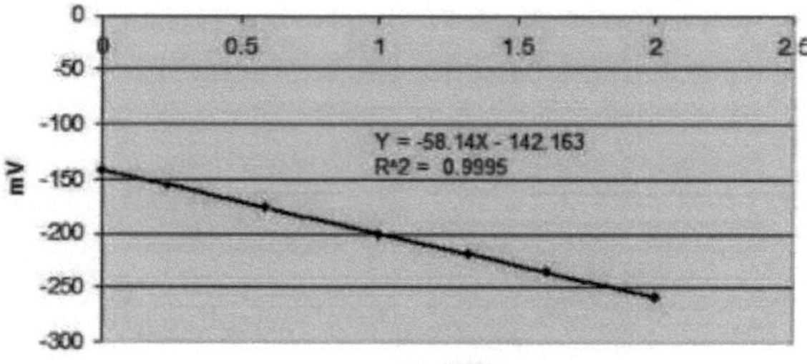

Figura 4.1 Curva de calibração para a medição de cianetos.

De posse da curva de calibração, foram medidas as concentrações de cianeto das amostras iniciais e das amostras finais do tratamento por fotocatálise para verificar a eficiência deste processo de oxidação avançada na remoção de cianeto.

III.6 Resultados do teste de fotocatálise

Os resultados da oxidação do cianeto utilizando a tecnologia de fotocatálise com nanopartículas de TiO2 são apresentados na tabela 4.2.

Tabela 4.2 Resultados da oxidação de cianeto.

[TiO2] g/L	-[CN] inicial (ppm)	-[CN] final (ppm)	% de eliminação de CN -	Tempo (min)
0.50	400	23	94	30
0.75	400	28	93	30
1.0	400	33	91	30
1.50	400	40	90	30
2.0	400	41	90	30

A Tabela 4.2 apresenta os resultados obtidos na oxidação do cianeto, tendo-se obtido uma recuperação máxima de 94 % com uma concentração de dióxido de titânio de 0,50 g/L. Comprova-se que a oxidação do cianeto a cianato utilizando a tecnologia de fotocatálise com dióxido de titânio é uma opção viável para a eliminação deste poluente da água, sendo a sua única limitação a recuperação dos microelectrodos de dióxido de titânio para reutilização no processo de oxidação fotocatalítica, para colmatar este ponto, recorreu-se posteriormente à tecnologia de eletrocoagulação para recuperar eficientemente os microelectrodos de TiO2.

[60]A mesma tabela mostra o comportamento da concentração de TiO2 com a percentagem de eliminação de cianeto, à medida que a concentração do catalisador aumenta, a eliminação de cianeto diminui, isto deve-se ao facto de ocorrer uma blindagem ótica à medida que a concentração do catalisador aumenta, diminuindo assim a geração de radicais OH- para a oxidação do cianeto, o que também foi observado por outros investigadores .

III.7 Resultados dos ensaios de eletrocoagulação com TiO2

4.3.1 Resultados das amostras aquosas

A Tabela 4.3 mostra os resultados obtidos a partir das amostras aquosas de TiO2 utilizando a técnica de espetrometria de absorção atómica, estes resultados foram utilizados para o estudo de adsorção.

Tabela 4.3 Resultados das amostras aquosas de TiO2 (estudo de adsorção).

Amostra	$_2$[TiO]$_{inicial}$ g/L	[TiO2]$_{final}$ g/L	Recuperado
1	0.5	0.0085	98.3
2	0.75	0.0225	97
3	1	0.034	96.6
4	1.5	0.052	96.53
5	2	0.083	95.85
6	2.5	0.095	96.2
7	3	0.15	95.0

Com os resultados obtidos na tabela acima, fica comprovada a alta eficiência da recuperação do TiO2 utilizando o processo eletroquímico de eletrocoagulação, resolvendo assim o ponto fraco desta tecnologia, que é a recuperação do dióxido de titânio e sua posterior reutilização na oxidação fotocatalítica do cianeto.

Os valores mais elevados de recuperação também correspondem à maior densidade de corrente aplicada devido à maior produção de Fe+3, melhorando assim a recuperação devido à maior probabilidade de interação entre as espécies EC geradas e o dióxido de titânio, $^{+2+3}$A diminuição da eficiência da recuperação deve-se ao facto de que, em soluções ácidas, a oxidação do ferro ferroso (Fe) em ferro férrico (Fe) diminui e, por conseguinte, a recuperação do dióxido de titânio diminui; $^{+2+3}$a um pH mais elevado, a tendência é a favor da oxidação do Fe em Fe, melhorando assim o processo de eletrocoagulação para a recuperação do dióxido de titânio.

Os resultados da tabela 4.3 foram também utilizados para efetuar os cálculos de adsorção e, posteriormente, para obter os parâmetros termodinâmicos da adsorção do dióxido de titânio nas espécies geradas pelo CE.

Os resultados do estudo cinético são apresentados nos quadros seguintes. Nestas experiências, foi recolhida uma amostra de 5 em 5 minutos até se completarem 30 minutos para obter a variação da concentração de dióxido de titânio no tempo para o estudo cinético.

Tabela 4.4 Resultados obtidos para a amostra 1 TiO2 (estudo cinético).

Tempo (min)	$_2$[TiO]$_{inicial}$ (g/L)	[TiO2]$_{final}$ (g/L)	Recuperado
O	0.5	0.5	0
5	0.5	0.39	22
10	0.5	0.275	45
15	0.5	0.18	64
20	0.5	0.07	86
25	0.5	0.03	94
30	0.5	0.01	98

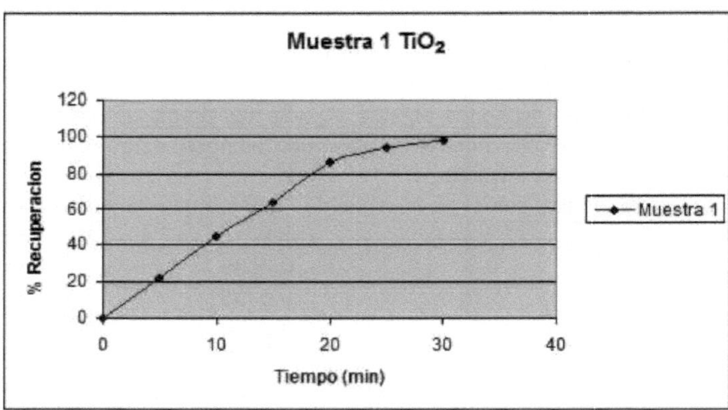

Figura 4.2 Gráfico da recuperação TIO2 - tempo para a amostra 1.

A partir dos resultados apresentados na tabela 4.4, obtém-se uma recuperação de dióxido de titânio de 98%, o que mostra que a eletrocoagulação é uma alternativa viável para recuperar o dióxido de titânio e, posteriormente, reutilizá-lo no processo de fotocatálise para a remoção de cianeto.

Tabela 4.5 Resultados obtidos para a amostra 2 TIO2 (estudo cinético).

Tempo	inicial [TiO2] (g/L)	[TiO2]$_{final}$ (g/L)	Recuperado
O	0.75	0.75	0
5	0.75	0.62	17
10	0.75	0.46	37
15	0.75	0.32	57
20	0.75	0.22	71
25	0.75	0.11	85
30	0.75	0.06	92

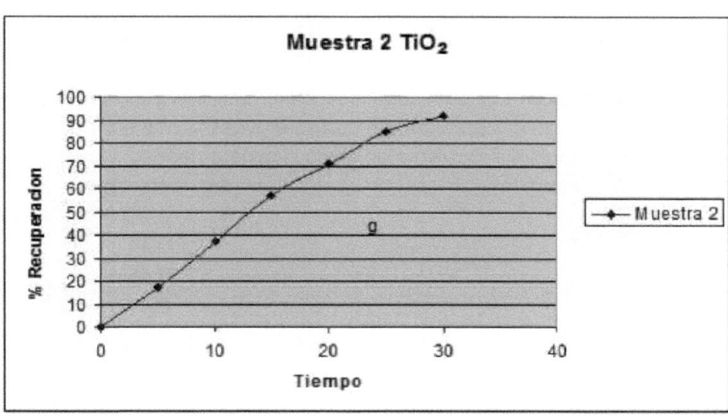

Figura 4.3 Gráfico da recuperação de TIO2 em função do tempo para a amostra 2.

O resultado obtido para a amostra 2 é de 92 %, esta diminuição da recuperação deve-se à variação da corrente fornecida, sendo neste caso inferior à da amostra 1 (0,46 Amp. para a amostra 1 e 0,44 Amp. para a amostra 2).

Tabela 4.6 Resultados obtidos para a amostra 3 TIO2 (estudo cinético).

Tempo	inicial [TiO2] (g/L)	[TiO2]final (g/L)	Recuperado
O	1	1	0
5	1	0.76	24
10	1	0.52	48
15	1	0.34	66
20	1	0.22	78
25	1	0.15	85
30	1	0.04	96

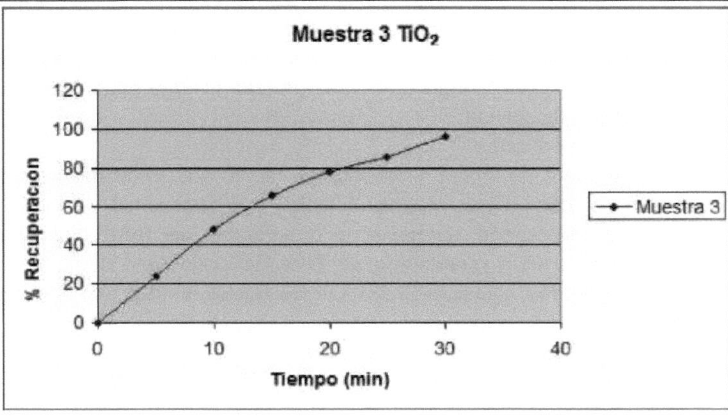

Figura 4.4 Gráfico da recuperação de TiO2 em função do tempo para a amostra 3.

Esta amostra apresenta uma recuperação de 96 %, o que se deve à diferença de densidade de corrente aplicada aos eléctrodos (amostra 3, 0,5 Amp).

4.3.2 Cálculo da densidade da corrente

A densidade de corrente foi calculada através da equação (2.47), e indica a relação entre a corrente fornecida e a área total dos eléctrodos utilizados nos ensaios de eletrocoagulação, a tabela 4.7 apresenta a corrente utilizada nos ensaios realizados.

Tabela 4.7 Corrente aplicada a cada amostra.

Amostra	Corrente (Amp)
1	0.46
2	0.44
3	0.45
4	0.47
5	0.46
6	0.44
7	0.45

Tabela 4.8 Densidade da corrente.

Amostra	Corrente (Amp)	Área (cm^2)	D(Amp/cm^2)
1	0.46	28	0.0164
2	0.44	28	0.0157
3	0.45	28	0.0161
4	0.47	28	0.0168
5	0.46	28	0.0164
6	0.44	28	0.0157
7	0.45	28	0.0161

A densidade de corrente é um dos parâmetros mais importantes nos ensaios de CE, uma vez que dela depende a quantidade de espécies geradas no CE, tais como magnetite, lepidocrocite, goetite, melhorando assim a eficiência da recuperação ou eliminação do processo de eletrocoagulação, [3]uma vez que a densidades de corrente óptimas há uma maior produção de ferro dissolvido (Fe^+), aumentando a probabilidade de interação entre os compostos do meio aquoso e as espécies geradas no processo de eletrocoagulação, melhorando assim a adsorção do dióxido de titânio sobre o ferro dissolvido.

4.3.3 Dissolução dos eléctrodos

Para conhecer o número de moles de dióxido de titânio adsorvido nas espécies de eletrocoagulação, e com estes dados calcular posteriormente os parâmetros termodinâmicos, é necessário conhecer a quantidade de ferro dissolvido dos eléctrodos. Para conhecer a quantidade de ferro dissolvido em cada tratamento, utilizamos a lei de Faraday, equação (2.48). Os resultados obtidos são apresentados na tabela 4.9.

Tabela 4.9 Dissolução dos eléctrodos de amostra.

Amostra	D(A/cm^2)	T (seg)	M	N	F	W(g/cm^2)	gramas.
1	0.0164	1800	56	3	96500	0.00191	0.107
2	0.0157	1800	56	3	96500	0.00182	0.102
3	0.0161	1800	56	3	96500	0.00187	0.104

4	0.0168	1800	56	3	96500	0.00195	0.109
5	0.0164	1800	56	3	96500	0.00191	0.107
6	0.0157	1800	56	3	96500	0.00182	0.102
7	0.0161	1800	56	3	96500	0.00186	0.104

Conhecendo a quantidade de ferro dissolvido para cada experiência, é possível calcular diferentes dados de adsorção, tais como o número de moles adsorvidos (N), o número máximo de adsorção (Nmax), a fração coberta e o fator de separação RL.

4.3.4 Consumo de energia

O consumo de energia de um reator de eletrocoagulação pode ser calculado com a equação (2.49). Os resultados obtidos são apresentados na tabela 4.10.

Tabela 4.10 Consumo de energia para cada amostra.

Amostra	I (Amp)	V (volt)	t (hr)	E (KWhr)
1	0.46	9.3	0.5	0.002139
2	0.44	10.12	0.5	0.0022264
3	0.45	9.5	0.5	0.0021375
4	0.47	9,50	0.5	0.00210325
5	0.46	8.95	0.5	0.0022195
6	0.44	9.65	0.5	0.002244
7	0.45	10.2	0.5	0.002223

De acordo com os dados apresentados na tabela 4.10, o consumo total de energia é de 0,015 kWhr, o que é uma das vantagens da utilização do processo EC, o seu baixo consumo de energia, garantindo assim baixos custos de funcionamento.

4.3.5 Custo do tratamento

Custo da energia: 3,32 KWhr

CEI = Custo energético por tratamento na amostra 1

CE2 = Custo energético por tratamento na amostra 2

CE3 = Custo energético por tratamento na amostra 3

Quadro 4.11 Custo do tratamento para cada amostra colhida.

Amostra	Custos energéticos	E(KWhr)	CE ($)
1	3.32	0.00214	0.00710
2	3.32	0.00222	0.00739
3	3.32	0.00213	0.00709
4	3.32	0.00210	0.00698
5	3.32	0.00221	0.00736
6	3.32	0.00224	0.00745
7	3.32	0.00222	0.00738

O custo total dos tratamentos EC é de $ 0,018/litro de água tratada, o que demonstra o baixo custo da operação EC. Um dos parâmetros mais importantes que afectam a aplicação de qualquer método para o tratamento de água contaminada ou para a recuperação de reagentes como o dióxido de titânio é o custo. Na tabela 4.11 podemos ver os custos utilizados para cada amostra, o que demonstra uma das principais vantagens da eletrocoagulação, o seu baixo custo de funcionamento em comparação com outros sistemas químicos ou biológicos.

4.3.6 Número de moles adsorvidos por grama de adsorvente

O número de moles adsorvidos por grama de adsorvente foi calculado pela equação (2.65). Os resultados obtidos para a amostra 1 são apresentados na tabela 4.12.

Tabela 4.12 Moles adsorvidos por grama de adsorvente.

Amostra	C_o(mmol/L)	C(mmol/L)	m_c(grs)	N($mmolTio_2/gFe$)	C/N
1	6.259	0.125	0.160	13.405	0.00933
2	9.389	0.281	0.153	20.807	0.0135
3	12.519	0.475	0.157	26.902	0.0177
4	18.778	0.651	0.167	37.962	0.0171
5	25.037	1.039	0.164	51.326	0.0202
6	31.297	1.189	0.157	67.254	0.0177
7	37.556	1.878	0.160	77.966	0.0241

Com os valores obtidos para N, obtém-se a quantidade de moles de dióxido de titânio adsorvido por grama de adsorvente. Este valor é calculado pela quantidade de ferro dissolvido, pelo que o comportamento é idêntico ao da solução de ferro e é função da quantidade de corrente fornecida.

A diferença nos valores de N implica diferentes tamanhos de poros do adsorvente, devido à complexa distribuição do volume total de poros nos hidróxidos de ferro.

Utilizando a equação (2.67) (equação linearizada da isotérmica de Langmuir) e traçando um gráfico de C/N com C (gráfico 4.4), obtemos os seguintes dados de regressão linear:

Tabela 4.13 Resultados obtidos a partir da regressão linear.

m (declive)	0.0103
e (ordenado)	0.361
R	0.994
R^2	0.988

Se o sistema seguir o comportamento descrito pela isotérmica de Langmuir, o gráfico da relação C/N em função da concentração de equilíbrio C deverá apresentar uma reta com declive 1/Nmax e ordenada à origem 1/KNmax. Os resultados obtidos são os seguintes

Tabela 4.14 Obtenção de Nmax e K.

Nmax ($mmolTiO_2$)/gFe)	96.7
K ($Lmmol^{-1}$)	35.12

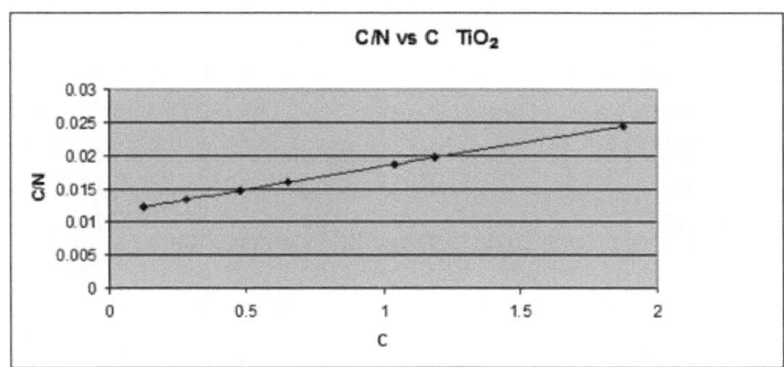

Figura 4.5 Gráfico C/N vs C para calcular Nmax.
C= Concentração final.
N= Número de moles adsorvidos.

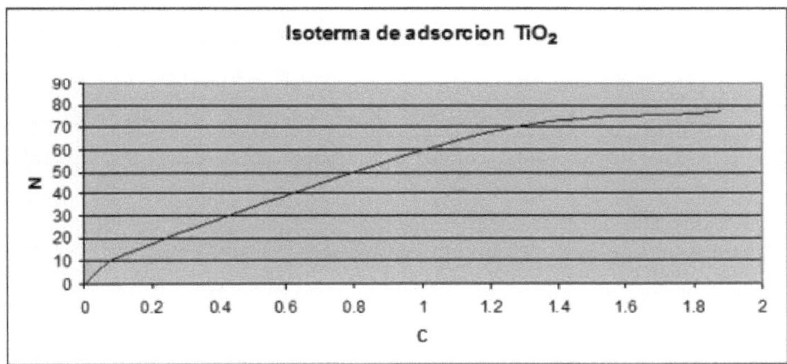

Figura 4.6 Isotérmica de adsorção de TIO2 em hidróxidos de ferro.
C= Concentração final.
N= Número de moles adsorvidos).

A Figura 4.5 mostra a reta que ajusta os dados, pelo valor obtido do coeficiente de correlação (0,994) verifica-se que o sistema segue o comportamento da isotérmica de Langmuir. A Figura 4.6 mostra os dados da isoterma de adsorção experimental, na qual podemos apreciar o comportamento do sistema de adsorção, onde podemos observar primeiramente a formação de uma multicamada, seguida da formação de uma monocamada em concentrações mais elevadas, e depois a adsorção permanece constante atingindo o número máximo de adsorção.

O valor de Nmax é a capacidade máxima de adsorção do dióxido de titânio correspondente ao revestimento completo da monocamada na superfície do ferro; com este valor, a fração coberta é calculada para cada amostra.

4.3.7 Domínio específico

O método BET de adsorção de azoto foi utilizado para determinar a área específica, o que pressupõe que o azoto gasoso, quando liquefeito e adsorvido em superfícies sólidas, preencherá toda a área de superfície limpa disponível, formando várias camadas. Os resultados obtidos para a adsorção de azoto são apresentados no quadro seguinte:

Tabela 4.15 Adsorção de azoto.

Pressão relativa Po/P	Quantidade adsorvida (cm^3/g)
0.05688504	10.7978951
0.1121802	12.0635681
0.17515116	13.4282578
0.23775899	14.7837413
0.30047937	16.0437507

Na figura abaixo temos o gráfico da isoterma BET correspondente à adsorção de azoto.

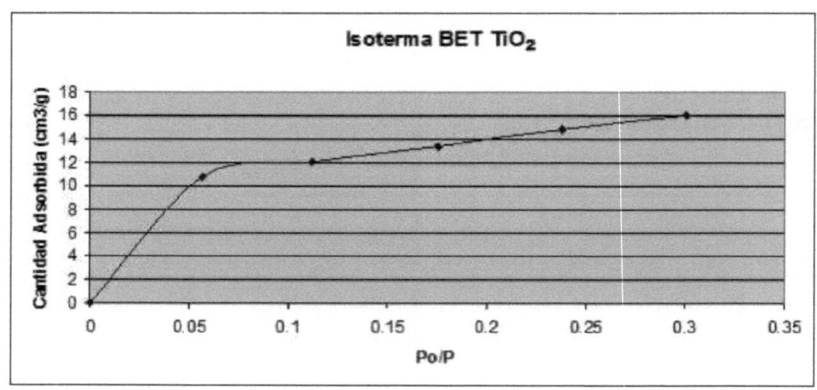

Figura 4.7 Gráfico BET.

Para calcular a superfície específica, os dados do quadro 4.16 são representados graficamente utilizando a equação BET linearizada (equação 2.68), depois aplica-se a regressão linear aos dados e, utilizando as equações (2.72) e (2.73), calcula-se a superfície específica.

Quadro 4.16 Dados para calcular a superfície específica.

Pressão relativa Po/P	1/[Q(Po/P - 1)]
0.05688504	0.00558592
0.1121802	0.01047407
0.17515116	0.01581317
0.23775899	0.02109892
0.30047937	0.02677369

Tabela 4.17 Dados obtidos a partir da regressão linear.

Pendente	0.0864
Ordenado para a origem	0.000685
R	0.9999
R2	0.9998

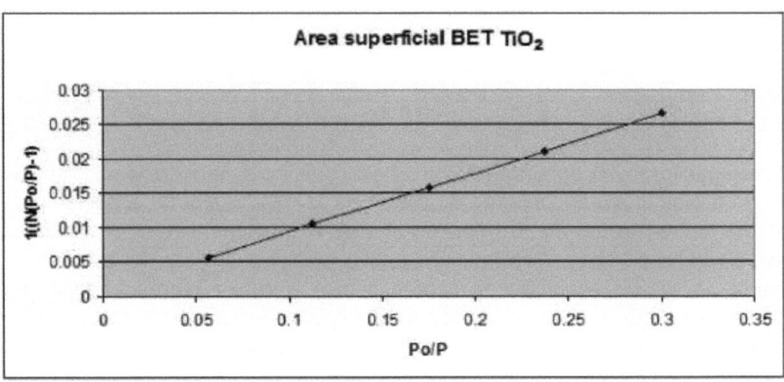

Figura 4.8 Linha para obter a área de superfície com o método BET.

[2]O valor da área específica obtido é de 190 m /g. [2]Este valor está dentro do intervalo habitual para adsorventes constituídos por partículas pequenas e porosas, entre 10 e 1 000 m /g. O valor da área específica determina também a capacidade de adsorção do adsorvente que está a ser utilizado, neste caso as espécies geradas a partir do CE, esta capacidade de adsorção é verificada com os valores obtidos na recuperação do dióxido de titânio (98%).

4.3.8 Fração da área coberta

De acordo com os resultados obtidos para N e N_{max}, a fração da área de superfície coberta Q é calculada pela equação $Q = N/N_{max}$. A partir da tabela 4.18, pode ver-se que a fração de cobertura se aproxima de 1 à medida que a concentração aumenta.

Tabela 4.18 Obtenção de Q.

N (mmolTio2/gFe)	N_{max} (mmolTiO2)/gFe)	Q
13.405	96.7	0.139
20.807	96.7	0.217
26.902	96.7	0.280
37.962	96.7	0.395
51.326	96.7	0.535
67.254	96.7	0.700
77.966	96.7	0.812

O valor de Q varia entre 0 e 1, tendo uma fração mínima coberta de 13,9% correspondente ao valor de N obtido de 13,405 mmolTiO2)/gFe e a fração máxima obtida de 81,2% com o valor de N de 77,966 mmolTiO2)/gFe, pelo que os resultados obtidos estão dentro do esperado.

4.3.9 Cálculo dos parâmetros termodinâmicos

Aplicando as equações (2.74), (2.75) e (2.76) obtemos os seguintes resultados para a energia livre, enta^a e entrop^a para o processo de adsorção utilizando 7 concentrações.

Tabela 4.19 Parâmetros termodinâmicos.

	Kcal/mol	Kj/mol

AG	-8.146	-39.0184
AH	-4.145	-20.397
	Kcal/molK	Kj/molK
AS	0.0305	0.1473

O valor negativo de AG apresentado na tabela confirma a viabilidade do processo de adsorção e a natureza espontânea da adsorção de TiO2 sobre as espécies geradas a partir da eletrocoagulação. O valor negativo de AH indica o carácter exotérmico do processo.

[57]O valor de HA de adsorção de acordo com a literatura corresponde a valores típicos de fisissorção (os valores típicos de entalpia de adsorção para fisissorção são -20 kj/mol a -80 kj/mol e cerca de -200 kj/mol para quimissorção), sendo o valor obtido -29,0184 kJ/mol.

O valor positivo de AS mostra o aumento da aleatoriedade na interface soluto-sólido durante o processo de adsorção, sugerindo que o dióxido de titânio adsorvido substitui algumas moléculas de água da solução previamente adsorvidas na superfície do adsorvente.

4.3.10 Fator $_{RL}$

Os resultados obtidos para o fator de separação são apresentados no quadro seguinte:

Quadro 4.20 Fator de separação.

Amostra	C_o (mmol/L)	B (mmol/g)	R_L
1	6.259	35.12	0.000657
2	9.389	35.12	0.000438
3	12.518	35.12	0.000328
4	18.778	35.12	0.000219
5	25.037	35.12	0.000164
6	31.297	35.12	0.000131
7	37.556	35.12	0.000109

De acordo com os resultados obtidos, o fator de separação situa-se no intervalo de 0 e 1, o que representa que o sistema de adsorção do TiO2 e das espécies geradas pela eletrocoagulação, como a magnetite, a goetite e a lepidocrocite, é favorável.

4.3.11 Cálculo dos parâmetros cinéticos

4.3.11.1 Cálculo da constante cinética e de adsorção

4.3.11.1.1 Amostra 1 $_{TiO2}$

A Tabela 4.21 mostra os dados de variação do tempo versus concentração de TiO2 para o cálculo dos parâmetros cinéticos.

Tabela 4.21 Dados de tempo-concentração da amostra 1 (estudo cinético).

Tempo (min.)	Concentração TiO2 (g/L)
0	0.5
5	0.39
10	0.275
15	0.18
20	0.07

25	0.03
30	0.01

A regressão exponencial foi aplicada aos dados da tabela 4.21 para obter os seguintes dados apresentados na tabela 4.22.

Tabela 4.22 Parâmetros estatísticos obtidos a partir da regressão.

R	0.9918
R^2	0.918
b	530
m	0.00805

Para encontrar a constante cinética de reação k e a constante de velocidade de adsorção K, utiliza-se a equação linearizada do modelo de Langmuir-Hinshelwood, equação (2.78), utilizando os dados experimentais apresentados na tabela 4.23:

Tabela 4.23 Dados experimentais para a utilização da equação de Langmuir-Hinshelwood.

-dt/dC	1/C
23.52941176	2
30.16591252	2.56410256
42.78074866	3.63636364
65.35947712	5.55555556
168.0672269	14.2857143
392.1568627	33.3333333
1176.470588	100

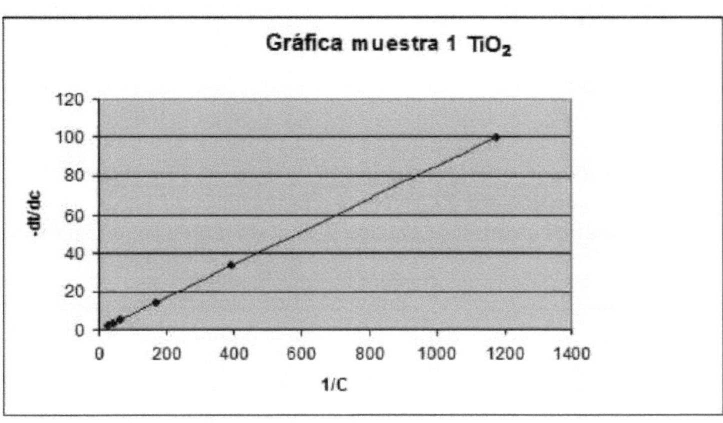

Figura 4.9 Gráfico dos dados experimentais -dt/dC vs. 1/C.

A regressão linear é aplicada aos dados da tabela 4.23 e obtêm-se os seguintes valores:

Tabela 4.24 Parâmetros estatísticos obtidos a partir da regressão.

R	1
R2	1
b	6.45E-9
m	11.76

Aplicando as equações (2.82) e (2.83) obtêm-se as constantes cinéticas apresentadas na tabela 4.25.

Tabela 4.25 Parâmetros cinéticos da amostra 1.

Constante cinética k	$^{-1}$15,50 E4 g L min^{-1}
Constante de adsorção K	5,5 E-7 L g^{-1}

A partir da tabela 4.26 temos que a constante cinética (k) é maior que a constante de adsorção (K), o que significa que o mecanismo de controlo do processo de recuperação do TiO2 com eletrocoagulação é a taxa de adsorção do dióxido de titânio (fase 2 do processo de adsorção) na superfície das espécies geradas a partir da eletrocoagulação e não a taxa de conversão das mesmas (fase 3 do processo de adsorção).

4.3.11.1.2 Amostra 2 TiO2

A Tabela 4.26 mostra a variação dos dados de tempo versus concentração de TiO2 para o estudo cinético para a amostra 2 correspondente a uma concentração de 0,75 g/L.

Tabela 4.26 Dados de tempo-concentração da amostra 2 (estudo cinético).

Tempo (min.)	Concentração TiO2 (g/L)
0	0.75
5	0.62
10	0.46
15	0.32
20	0.22
25	0.11
30	0.06

Aplicou-se a regressão exponencial aos dados da tabela 4.26 e obtiveram-se os dados apresentados na tabela 4.27.

Tabela 4.27 Parâmetros estatísticos obtidos a partir da regressão da amostra 2.

R	0.9957
R2	0.9913
B	0.793
M	0.0643

Para determinar a constante cinética de reação k e a constante de velocidade de adsorção K, utiliza-se a equação linearizada do modelo de Langmuir-Hinshelwood (2.78) com base nos dados experimentais apresentados na tabela 4.29:

Tabela 4.28 Dados experimentais para a utilização da equação de Langmuir-Hinshelwood.

-dt/dc	1/C

20.7361327	1.33333333
25.0840315	1.61290323
33.808912	2.17391304
48.600311	3.125
70.6913615	4.54545455
141.382723	9.09090909
259.201659	16.6666667

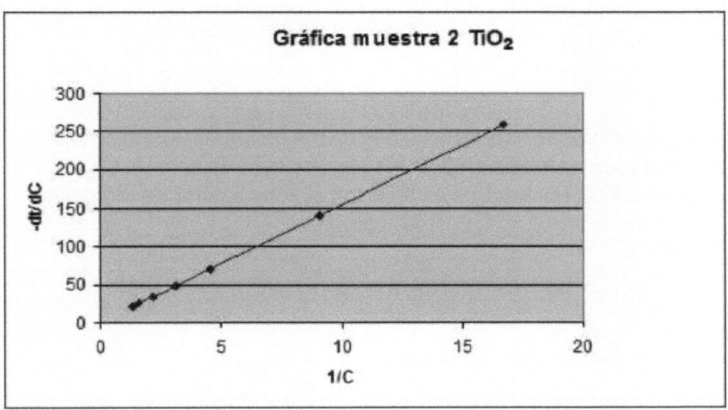

Figura 4.10 Gráfico dos dados experimentais -dt/dC versus 1/C.

Aplicou-se a regressão linear aos dados da tabela 4.28 e obtiveram-se os valores apresentados na tabela 4.29.

Tabela 4.29 Parâmetros estatísticos obtidos da amostra de regressão 2.

R	1
R2	1
b	9.44 E-8
m	15.55

Aplicando as equações (2.82) e (2.83), obtêm-se as constantes cinéticas apresentadas na tabela 4.30.

Tabela 4.30 Parâmetros cinéticos da amostra 2.

Constante cinética k	$^{-1}$10,59 E3 mg L min^{-1}
Constante de adsorção K	6E-6 L mg^{-1}

A partir da tabela 4.30 temos que a constante cinética (k) é maior do que a constante de adsorção (K), o que significa que o mecanismo de controlo do processo de recuperação do TiO2 com eletrocoagulação é a taxa de adsorção do dióxido de titânio (fase 2 do processo de adsorção) na superfície das espécies geradas na eletrocoagulação, deslocando a taxa de reação das mesmas (fase 3 do processo de adsorção).

4.3.11.1.3 Amostra 3 TiO2

A Tabela 4.31 mostra a variação dos dados de tempo versus concentração de TiO2 para o estudo cinético para a amostra de dióxido de titânio correspondente a 1 g/L.

Tabela 4.31 Dados de tempo-concentração da amostra 3 (estudo cinético).

Tempo (min.)	Concentração TiO2 (g/L)
0	1
5	0.76
10	0.52
15	0.34
20	0.22
25	0.15
30	0.04

Aplicou-se uma regressão exponencial aos dados da tabela 4.31 e obtiveram-se os dados apresentados na tabela 4.32:

Tabela 4.32 Parâmetros estatísticos obtidos a partir da regressão Amostra 3.

R	0.9977
R^2	0.9953
B	1.053
M	0.0748

Para determinar a constante cinética de reação k e a constante de velocidade de adsorção K, utiliza-se a equação linearizada do modelo de Langmuir-Hinshelwood (2.78) com base nos dados experimentais apresentados na tabela 4.33:

Tabela 4.33 Dados experimentais para a utilização da equação de Langmuir-Hinshelwood na amostra 3.

-dt/dc	1/C
15.5520995	1
20.4632889	1.31578947
29.9078837	1.92307692
45.7414692	2.94117647
70.6913615	4.54545455
103.680664	6.66666667
388.802488	25

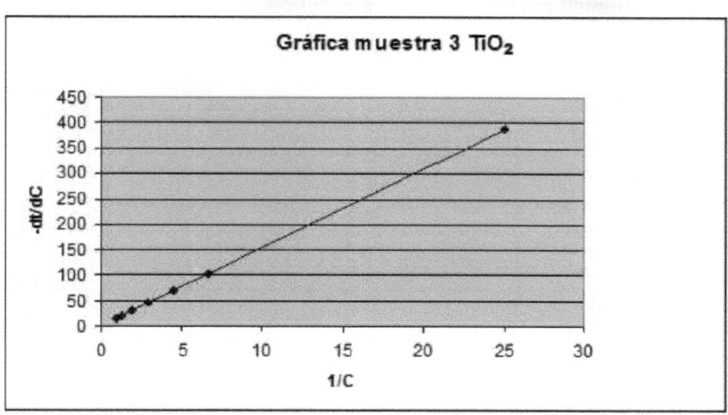

Figura 4.11 Gráfico dos dados experimentais -dt/dC versus 1/C.

A regressão linear é aplicada aos dados da tabela 4.33 e obtêm-se os valores apresentados na tabela 4.34:

Tabela 4.34 Parâmetros estatísticos obtidos a partir da regressão amostra 3.

R	1
R2	1
B	4.81 E-9
M	15.55

Aplicando as equações (2.82) e (2.83), obtêm-se as constantes cinéticas.

Tabela 4.35 Parâmetros cinéticos da amostra 3.

Constante cinética k	$^{-1}$20,8E4 mg L min^{-1}
Constante de adsorção K	3,09 E-7 L mg^{-1}

Na tabela 4.35 podemos verificar que a constante cinética (k) é superior à constante de adsorção (K), o que significa que o mecanismo de controlo do processo de recuperação do TiO2 com eletrocoagulação é a taxa de adsorção do dióxido de titânio (fase 2 do processo de adsorção) na superfície das espécies geradas a partir da eletrocoagulação, deslocando a taxa de conversão das mesmas (fase 3 do processo de adsorção).

4.3.11.2 Cálculo da ordem de reação

O modelo mais utilizado para descrever a cinética do processo fotocatalítico é o modelo de Langmuir-Hinshenlwood (Cassano, 1999). Para conhecer a ordem da reação, utiliza-se a equação (2.77), que é a expressão da cinética de primeira ordem, cuja forma integrada é (($-\ln(C_f/C_o)=kt$). Ao avaliar os dados cinéticos por meio deste modelo, foram obtidos os seguintes resultados.

4.3.11.2.1 Amostra 1

Para calcular a ordem da reação, calcula-se $\ln(C_f/C_o)$, em que Cf é a concentração final e C_o é a concentração inicial, e depois os dados de $\ln(C_f/C_o)$ e o tempo são regredidos linearmente para encontrar o coeficiente de correlação e assim verificar a ordem da reação 1.

Tabela 4.36 Dados para determinar a ordem de reação.

Tempo	Cf	Co	Cf/Co	-ln(Cf/Co)
0	0.5	0.5	1	0
5	0.39	0.5	0.78	0.320
10	0.275	0.5	0.75	0.734
15	0.18	0.5	0.36	0.950
20	0.07	0.5	0.14	1.080
25	0.03	0.5	0.06	1.327
30	0.01	0.5	0.02	1.623

Os dados obtidos a partir da regressão linear são apresentados no quadro seguinte:

Tabela 4.37 Resultados obtidos a partir da regressão linear.

Pendente	0.0516
Ordenado para a origem	0.0875
R	0.990
R2	0.980

O gráfico de regressão linear resultante é apresentado na figura 4.12.

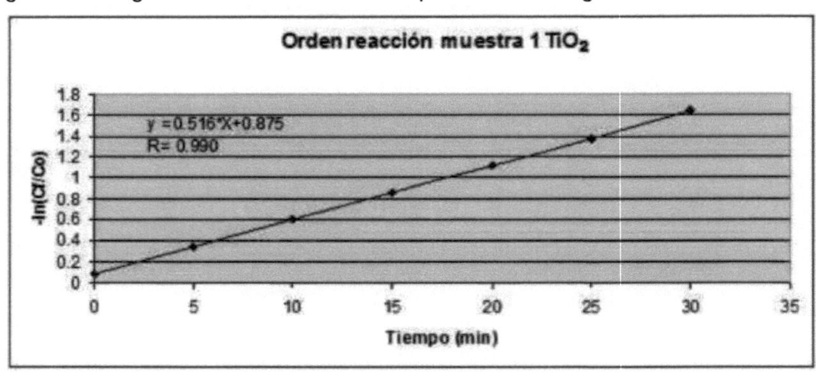

Figura 4.12 Avaliação da cinética de primeira ordem.

Estes resultados permitem verificar que os dados obtidos se ajustam a um modelo de ordem 1.

4.3.10.2.2 Amostra 2

Para calcular a ordem da reação, calcula-se ln(Cf/Co), em que Cf é a concentração final e Co é a concentração inicial, e depois os dados de ln(Cf/Co) e o tempo são regredidos linearmente para encontrar o coeficiente de correlação e assim verificar a ordem da reação 1.

Tabela 4.38 Dados para determinar a ordem de reação.

Tempo (min)	Cf (g/L)	Co(g/L)	Cf/Co	-ln(Cf/Co)
0	0.75	0.75	1	0
5	0.62	0.75	0.8267	0.1904

10	0.46	0.75	0.6133	0.4888
15	0.32	0.75	0.4267	0.8518
20	0.22	0.75	0.2933	1.2264
25	0.11	0.75	0.1467	1.9196
30	0.06	0.75	0.080	2.5257

Os dados obtidos a partir da regressão linear são apresentados no quadro seguinte:

Tabela 4.39 Resultados obtidos a partir da regressão linear.

Pendente	0.0679
Ordenado para a origem	0.0725
R	0.950
R2	0.90

O gráfico de regressão linear resultante é apresentado na Figura 4.13.

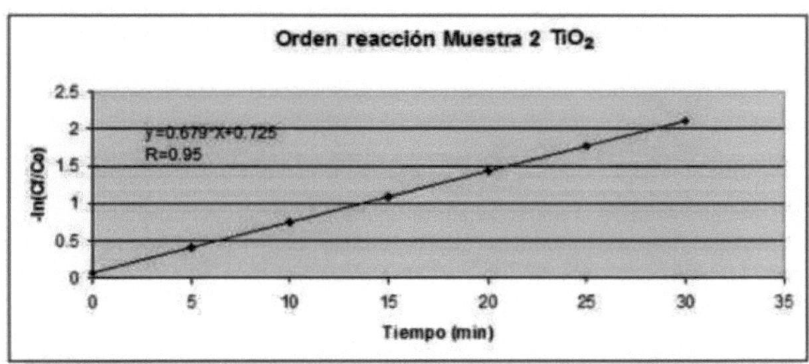

Figura 4.13 Avaliação da cinética de primeira ordem.

Estes resultados permitem verificar que os dados obtidos se ajustam a um modelo de ordem 1.

4.3.10.2.3 Amostra 3

Para conhecer a ordem da reação, calcula-se ln(cf/co), em que Cf é a concentração final e co é a concentração inicial, depois os dados juntamente com o tempo é aplicada uma regressão linear para conhecer o coeficiente de correlação e assim verificar a ordem da reação 1.

Tabela 4.40 Dados para determinar a ordem de reação.

Tempo (min)	cf(g/L)	co(g/L)	Cf/Co	-ln(cf/co)
0	1	1	1	0
5	0.76	1	0.76	0.27443685
10	0.52	1	0.52	0.65392647
15	0.34	1	0.34	1.07880966
20	0.22	1	0.22	1.51412773
25	0.15	1	0.15	1.89711998
30	0.04	1	0.04	3.21887582

Os dados obtidos a partir da regressão linear são apresentados no quadro seguinte:

Tabela 4.41 Resultados obtidos a partir da regressão linear.

Pendente	0.0781
Ordenado para a origem	0.1285
R	0.930
R2	0.883

O gráfico de regressão linear resultante é apresentado na figura 4.14.

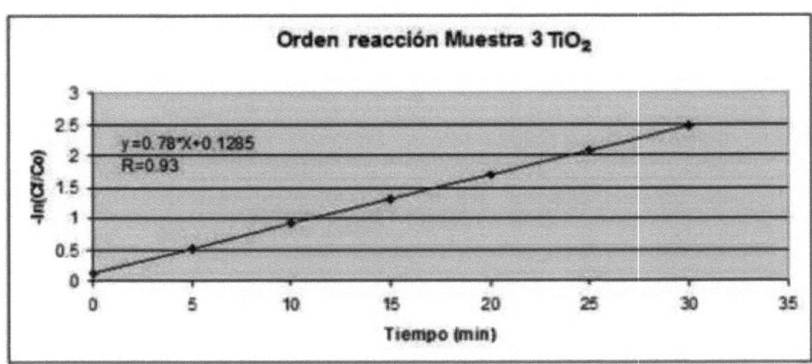

Figura 4.14 Avaliação da cinética de primeira ordem.

Estes resultados permitem verificar que os dados obtidos se ajustam a um modelo de ordem 1.

4.4 Resultados obtidos da eletrocoagulação de As

4.4.1 Resultados obtidos a partir de amostras aquosas

Os resultados obtidos para a remoção de arsénio das amostras de líquido CE para o primeiro conjunto de testes para cálculos de adsorção são apresentados na tabela 4.42.

Tabela 4.42 Resultados do primeiro grupo de ensaios (estudo de adsorção).

Amostra	$_{Inicial}$[As] (ppm)	$[As]_{Final}$ (ppm)	Recuperado
1	1	0.04	96
2	2	0.04	98
3	5	0.1	98
4	7	0.35	95
5	13	0.39	97
6	20	0.4	98
7	30	0.3	99

Os gráficos seguintes mostram os resultados obtidos no quadro 4.42.

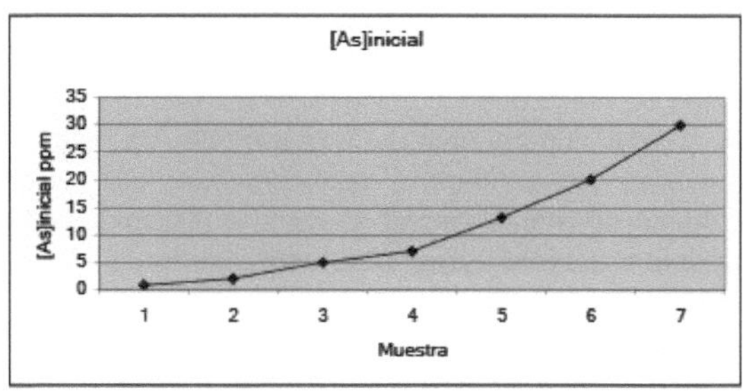

Figura 4.15 Concentração inicial de As (ppm) e número de amostras.

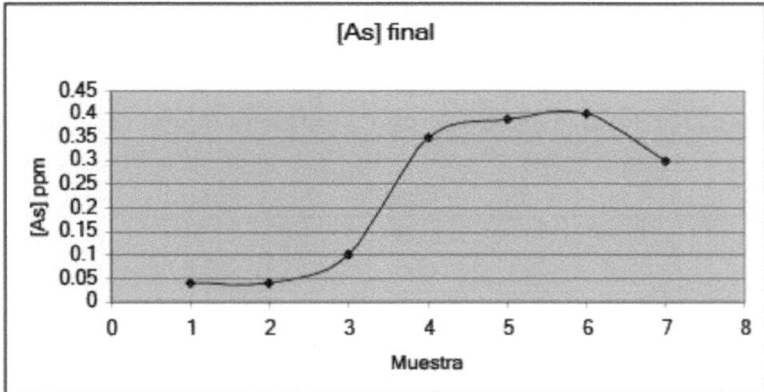

Figura 4.16 Concentração final de As (ppm).

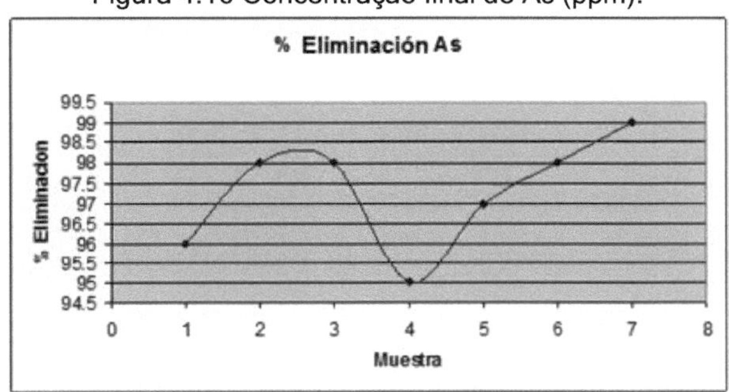

Figura 4.17 % de remoção obtida para cada amostra de As.

Com os resultados obtidos para o primeiro grupo de ensaios (para a realização da análise termodinâmica) verifica-se a eficiência do processo de eletrocoagulação, tendo uma remoção máxima de 99 % de arsénio. Este comportamento é consistente com a aplicação da densidade de corrente para cada amostra, sendo a remoção de arsénio maior para a amostra 7, que tem a maior corrente aplicada. O aumento da remoção de arsénio com o aumento da densidade de corrente deve-se ao aumento da geração de hidróxidos de ferro à medida que mais corrente passa através dos eléctrodos, aumentando a probabilidade de interação entre as espécies geradas pelo CE e o arsénio na água. O aumento da remoção de arsénio também pode ser explicado pela intensidade do campo elétrico (esta intensidade varia de acordo com a separação dos eléctrodos, tendo em conta as remoções obtidas a separação é óptima) se a intensidade do campo elétrico aumenta, a atração eletrostática também aumenta e a remoção de metal diminui, inversamente, quando a intensidade diminui, a atração catódica diminui, aumentando assim a remoção de metal.

Além disso, esta é uma das vantagens deste processo em relação aos métodos tradicionais de remoção de metais pesados, como a precipitação química, que não remove completamente o arsénio, tornando-o uma alternativa viável para a remoção deste contaminante.

Os resultados obtidos para o segundo grupo de ensaios (para obter os dados cinéticos variando a concentração com o tempo) são mostrados nas tabelas 4.43 (5 ppm) e 4.44 (10 ppm), nestes ensaios foi retirada uma amostra a cada 2 minutos até completar 10, para cada tempo é mostrada a percentagem acumulada, até atingir o valor máximo de eliminação obtido (99 %) que neste caso foi obtido após 10 minutos de operação.

Tabela 4.43 Resultados do grupo de ensaio 2, amostra 5 ppm (estudo cinético).

Amostra 1	Tempo (min)	$[As]_{inicial}$ (ppm)	$[As]_{final}$ (ppm)	% Eliminado Como
1	0	5	5	0
2	2	5	3.8	24
3	4	5	2.6	48
4	6	5	1.85	63
5	8	5	0.95	81
6	10	5	0.045	99.1

As figuras 4.18 e 4.19 apresentam os dados obtidos sob a forma de gráficos.

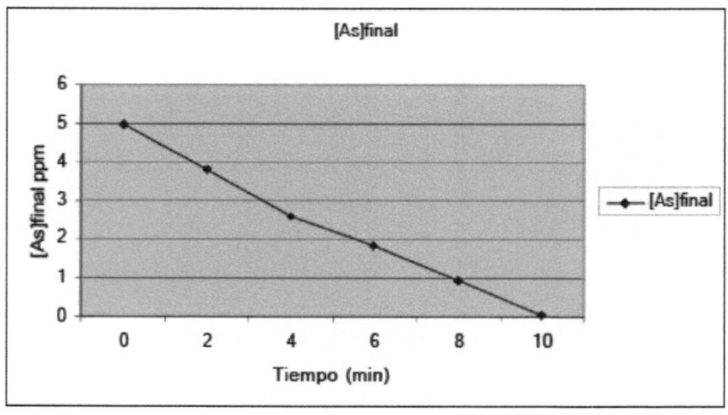

Figura 4.18 Concentração inicial de As, amostra 5 ppm.

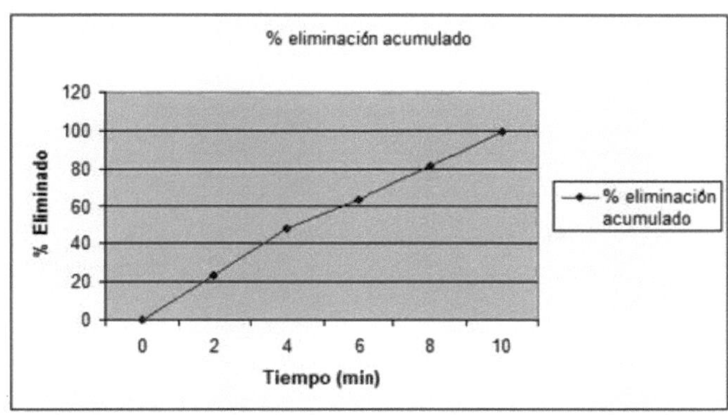

Figura 4.19 % de remoção em função do tempo para a amostra de 5 ppm.

A Tabela 4.44 mostra os resultados obtidos para a amostra 2, correspondente a uma concentração de 10 ppm de As.

Tabela 4.44 Resultados da amostra do grupo de ensaio 2 10 ppm (estudo cinético).

Amostra 1	Tempo (min)	$_{Inicial}$[As] (ppm)	$[As]_{final}$ (ppm)	% Eliminado
1	0	10	10	0
2	2	10	7.9	21
3	4	10	5.7	43
4	6	10	3.4	66
5	8	10	1.6	84
6	10	10	0.05	99.5

Os dados obtidos para a amostra 2 são apresentados graficamente nas figuras 4.20 e 4.21.

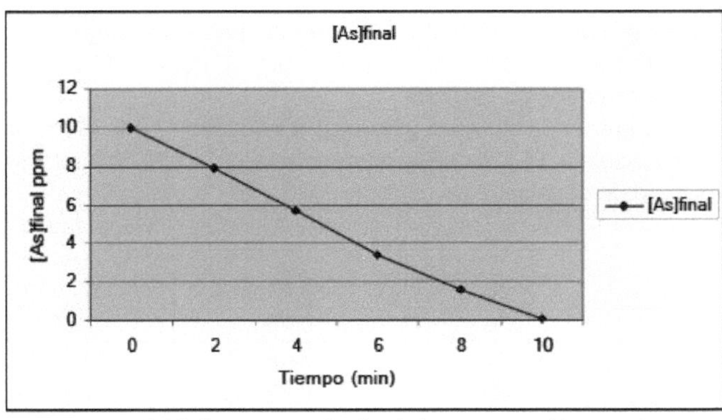

Figura 4.20 Concentração final da amostra 10 ppm As.

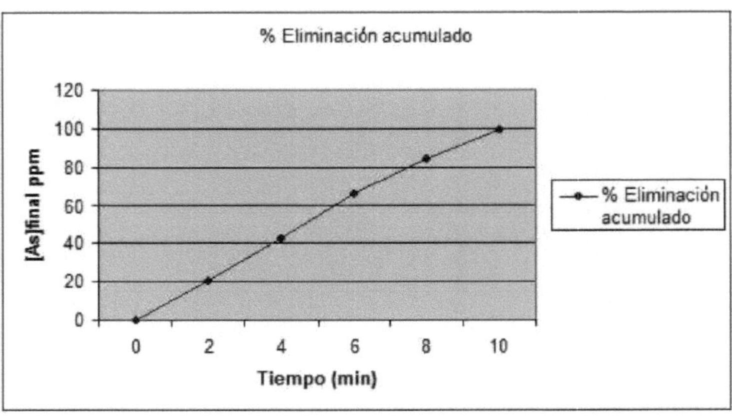

Figura 4.21 % de eliminação de As, amostra 10 ppm.

Para este grupo de ensaios (para efetuar a análise cinética variando a concentração-tempo, tabelas 4.43 e 4.44), temos uma % de eliminação para a amostra 1 (5 ppm) de 99,1 % e para a amostra 2 (10 ppm) de 99,55 %. As eliminações obtidas têm o mesmo comportamento que o primeiro grupo de ensaios (tabela 4.42), a maior densidade de corrente aplicada corresponde a maior % de recuperação, isto deve-se à maior geração de hidróxidos de ferro para adsorver o arsénio e assim eliminar este poluente da água.

Estes resultados confirmam a elevada eficiência deste processo eletroquímico (CE) em relação às técnicas convencionais de remoção de metais pesados, como a precipitação química, tornando-o uma alternativa viável, segura e económica para a remoção de arsénio de águas contaminadas. As concentrações utilizadas são as recomendadas para o estudo termodinâmico e cinético, para remover o arsénio das amostras finais e colocá-las dentro da norma para descarga em efluentes, recomenda-se o re-tratamento destas amostras com CE durante 15 minutos.

4.4.2 Cálculo da densidade da corrente

A densidade de corrente é calculada utilizando a equação (2.47). Os resultados são apresentados na tabela 4.45. Os dados referem-se ao primeiro conjunto de ensaios.

Tabela 4.45 Grupo de densidade de corrente 1 (estudo de adsorção).

Amostra	Área (cm^2)	Corrente (Amperes)	Densidade da corrente (Amp/cm^2)
1	36	0.41	0.01138889
2	36	0.46	0.01277778
3	36	0.49	0.01361111
4	36	0.41	0.01138889
5	36	0.46	0.01277778
6	36	0.51	0.01388889
7	36	0.75	0.02083333

Para o segundo conjunto de testes, os resultados obtidos são apresentados na tabela 4.46.

Tabela 4.46 Densidade de corrente do segundo conjunto de ensaios (estudo cinético).

Amostra	^{2}Área (cm)	Corrente (Amperes)	^{2}Densidade da corrente (Amp/cm)
1	375	0.65	0.00173
2	375	0.63	0.00168

^{2}Os resultados da densidade de corrente obtidos para estas duas séries de ensaios são adequados para obter uma remoção óptima dos contaminantes; os melhores valores relatados por outros autores situam-se entre 0,0010 e 0,0050 Amp/cm .

4.4.3 Dissolução dos eléctrodos

A seguinte equação é utilizada para determinar a quantidade de hidróxido de ferro dissolvido nos eléctrodos:

$$W = \frac{(D * t * M)}{nF} \qquad (4.1)$$

Os resultados obtidos para o primeiro grupo de amostras são apresentados no quadro 4.47.

Tabela 4.47 Dissolução dos eléctrodos do grupo 1 (estudo de adsorção).

Amostra (ppm)	^{2}D (A/cm)	^{2}W(grs/cm)	grs	mgs
1	0.01138889	0.00066091	0.0238	23.8
2	0.01277778	0.00074151	0.0267	26.7
3	0.01361111	0.00078987	0.0284	28.4
4	0.01138889	0.00066091	0.0238	23.8
5	0.01277778	0.00074151	0.0267	26.7
6	0.01388889	0.00080599	0.0290	29
7	0.02083333	0.00120898	0.0435	43.52

A quantidade de hidróxido de ferro dissolvido dos eléctrodos é função da densidade de corrente aplicada aos eléctrodos, sendo maior para amostras com maior densidade de corrente aplicada, o que está de acordo com a aplicação da lei de Faraday.

Para o segundo conjunto de ensaios, os resultados da dissolução do elétrodo são apresentados na tabela 4.48.

Tabela 4.48 Dissolução dos eléctrodos do grupo 2 (estudo cinético).

Amostra (ppm)		^{2}D(A/cm)	^{2}W(grs/cm)	grs	mgs
1	5	0.00173	0.000604	0.226	226
2	10	0.00168	0.000585	0.219	219.36

Do mesmo modo, para o segundo grupo de amostras, quanto maior for a quantidade de corrente aplicada, maior será a dissolução dos eléctrodos em hidróxidos de ferro.

4.4.4 Consumo de energia

O consumo de energia de um reator de eletrocoagulação pode ser calculado com a equação (2.49). Os resultados obtidos são apresentados nas tabelas 4.50 e 4.51.

Tabela 4.49 Consumo de energia do grupo 1 (estudo de adsorção).

Amostra	I (Amp)	V (volt)	t (hr)	E (KWhr)

1	0.41	8.5	0.83	0.000289
2	0.46	12.1	0.83	0.000462
3	0.49	10	0.83	0.000407
4	0.41	12.8	0.83	0.000436
5	0.46	10.7	0.83	0.000408
6	0.50	10.25	0.83	0.000425
7	0.75	6.68	0.83	0.000416

Tabela 4.50 Consumo de energia do grupo 2 (estudo cinético).

Amostra (ppm)		I (Amp)	V (volt)	t (hr)	E (KWhr)
1	5	0.65	15.43	0.5	0.00591
2	10	0.63	18.75	0.5	0.00501

De acordo com os dados obtidos nas tabelas 4.49 e 4.50, o consumo de energia é outra vantagem da eletrocoagulação em comparação com as técnicas normais utilizadas para a remoção do arsénico da água contaminada, como a eletrodiálise ou a osmose inversa. Estas técnicas têm taxas de remoção superiores a 85 %, mas a sua principal desvantagem é o elevado consumo de energia, que aumenta o custo da operação.

4.4.5 Custo do tratamento

Os custos de tratamento para cada teste de eletrocoagulação, com base num preço de 3,32 pesos por KWhr, são apresentados nos quadros 4.51 e 4.52.

Quadro 4.51 Custo do tratamento para cada amostra retirada do grupo de teste 1. (Estudo de adsorção).

Amostra	Custo da energia ($)	E(KWhr)	CE ($)
1	3.32	0.000289	0.000960
2	3.32	0.000462	0.00153
3	3.32	0.000407	0.00135
4	3.32	0.000436	0.00144
5	3.32	0.000408	0.00135
6	3.32	0.000425	0.00141
7	3.32	0.000416	0.00138

Quadro 4.52 Custo do tratamento para cada amostra retirada do grupo de teste 2. (Estudo cinético).

Amostra (ppm)		Custo da energia ($)	E(KWhr)	CE ($)
1	5	3.32	0.00591	0.0196
2	10	3.32	0.00501	0.0166

A partir das tabelas 4.51 e 4.52 podemos ver os custos utilizados para cada amostra, o que mostra uma das principais vantagens da eletrocoagulação, o seu baixo custo de operação em comparação com outros sistemas químicos ou biológicos (o custo de operação do processo EC é 60 - 70 % inferior a outros processos de tratamento).

4.4.6 Número de moles adsorvidos por grama de adsorvente

O número de moles adsorvidos por grama de adsorvente foi calculado pela equação

(2.65). Os resultados obtidos para a amostra 1 são apresentados na tabela 4.53.
Tabela 4.53 Número de moles adsorvidos.

Amostra	Co (mmol/l)	C (mmol/l)	mc (grs)	N (mmol/g)	C/N
1	0.00725	0.000109	0.0238	0.105	0.00104
2	0.01450	0.000362	0.0267	0.185	0.00196
3	0.03623	0.000507	0.0284	0.440	0.00115
4	0.05072	0.001087	0.0238	0.730	0.00148
5	0.09420	0.002681	0.0267	1.200	0.00223
6	0.1493	0.006884	0.0290	1.666	0.00413
7	0.2174	0.009130	0.0435	1.676	0.00545

O número de moles adsorvidos varia de acordo com a concentração de As^{+5} e a quantidade de hidróxido de ferro dissolvido nos eléctrodos, isto deve-se à quantidade de corrente aplicada e à concentração das amostras em cada ensaio, quanto maior a densidade de corrente aplicada, maior a quantidade de hidróxido a adsorver e quanto menor a corrente aplicada, menor a quantidade de hidróxido dissolvido. Este comportamento pode ser verificado na seguinte equação (equação para calcular a quantidade de ferro dissolvido):

$$W = \frac{(D * t * M)}{nF} \quad (4.2)$$

Onde podemos observar que a relação entre a densidade de corrente (D) e a produção de hidróxido de ferro (W) é diretamente proporcional.
Este comportamento pode ser observado nos resultados obtidos na tabela 4.53, pois à medida que a concentração aumenta, aumentam os moles de arsénio adsorvidos nas espécies geradas a partir da eletrocoagulação:

$$N = V * \frac{Co - C}{m_c} \quad (4.3)$$

$^{+5}$ Nesta equação podemos verificar que a relação entre a concentração de As (Co e C) e N (número de moles adsorvidos) é diretamente proporcional, o que significa que à medida que a concentração aumenta, N aumenta. A diminuição da % de remoção de arsénio pode também ser explicada pelo facto de a probabilidade de interação do coagulante e dos iões catiónicos diminuir quando estes se encontram a baixas concentrações.
A Figura 4.22 mostra o gráfico da isotérmica de adsorção de Langmuir,

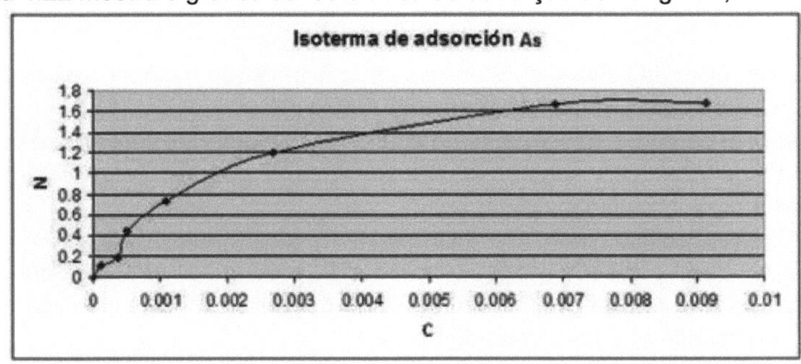

Figura 4.22 Isotérmica de adsorção de As em hidróxidos de ferro.
C=Concentração final.
N= Número de moles adsorvidos.

Utilizando a equação (2.67) (equação linearizada da isotérmica de Langmuir) e traçando o gráfico de C/N com C (Figura 4.22), obtemos os seguintes dados de regressão linear:

Tabela 4.54 Dados obtidos a partir da regressão linear de C/N vs C.

R	0.983
R2	0.966
Encomendado	0.0011
Pendente	0.4549

Se o sistema seguir o comportamento descrito pela isotérmica de Langmuir, o gráfico da relação C/N em função da concentração de equilíbrio C deverá apresentar uma linha reta com declive 1/Nmax e ordenada à origem 1/Knmax. Os resultados obtidos são os seguintes

Tabela 4.55 Obtenção de Nmax e K.

Nmax (mmolAs)/gFe)	2.198
-1K (Lmmol)	413.6

O valor de Nmax corresponde à capacidade máxima de adsorção correspondente à monocamada totalmente coberta na superfície (mmol/g).

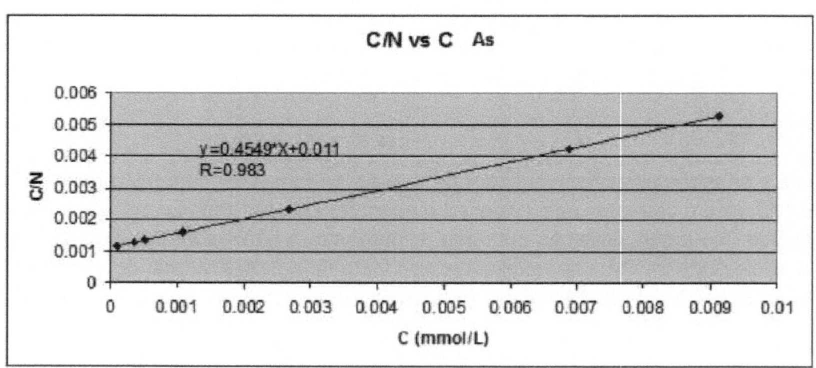

Figura 4.23 Gráfico de C/N vs. C. É apresentada a linha que melhor se ajusta aos dados (C=Concentração final; N=Número de moles adsorvidos).

De acordo com os dados observados na figura 4.23, podemos verificar que os dados do sistema de adsorção seguem o comportamento descrito pela isotérmica de Langmuir (fator de correlação 0,983).

4.4.7 Domínio específico

Se a área ocupada por cada molécula na superfície do adsorvente for conhecida, é possível calcular a área específica do hidróxido de ferro (a área específica é a área total da superfície de um grama de adsorvente).

O método BET de adsorção de azoto foi utilizado para determinar a área específica, o que pressupõe que o azoto gasoso, quando liquefeito e adsorvido em superfícies sólidas, preencherá toda a área de superfície limpa disponível, formando várias camadas. Os resultados obtidos para a adsorção de azoto são apresentados no quadro seguinte:

Tabela 4.56 Dados de adsorção de azoto.

Pressão relativa Po/P	[3]Quantidade adsorvida (cm /g)
0.28442521	53.9894756
0.56090098	60.3178407
0.87575582	67.1412891
1.18879493	73.9187064
1.50239687	80.2187533

Na figura seguinte temos o gráfico da isotérmica BET correspondente à adsorção de azoto.

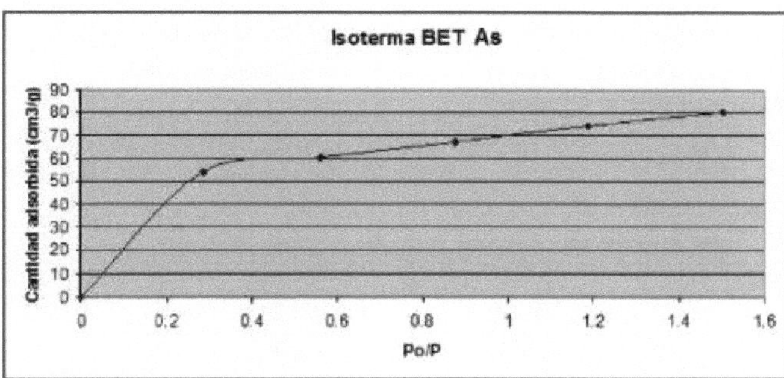

Figura 4.24 Gráfico BET.

Para calcular a superfície específica, os dados obtidos (quadro 4.58) são traçados utilizando a equação linearizada (2.68) BET, depois aplica-se a regressão linear aos dados e, utilizando as equações (2.72) e (2.73), calcula-se a superfície específica.

Quadro 4.57 Dados para calcular a área específica.

Pressão relativa Po/P	1/[Q(Po/P - 1)]
0.28442521	0.02792958
0.56090098	0.05237036
0.87575582	0.07906586
1.18879493	0.10549461
1.50239687	0.13386845

Tabela 4.58 Dados obtidos a partir da regressão linear.

Pendente	0.0865
Ordenado para a origem	0.0034
R	0.9999
R2	0.9998

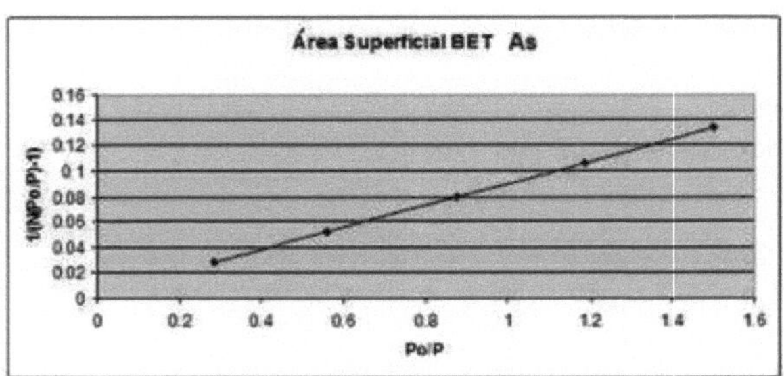

Figura 4.25 Linha obtida para calcular a área específica utilizando o método BET.
[2]O valor obtido pelo método BET é de 235 m /g. [258]Este valor situa-se no intervalo habitual para adsorventes constituídos por pequenas partículas porosas, entre 10 e 1 000 m /g (Shoemaker). O valor da área específica determina igualmente a capacidade de adsorção do adsorvente utilizado, neste caso as espécies geradas a partir do CE, como a magnetite, a goetite, a lepidocrocite, etc. Esta capacidade de adsorção é verificada pelas taxas de remoção de arsénio obtidas.

4.4.8 Fração da superfície coberta

De acordo com os resultados obtidos para N e N_{max}, a fração da área de superfície coberta *Q* é calculada utilizando a equação $Q = N/N_{max}$, os resultados obtidos são apresentados na tabela 4.59.

Quadro 4.59 Obtenção de *Q*.

Amostra	N	$N_{máximo}$	*Q*
1	0.1049659	2.1983	0.04775519
2	0.18523042	2.1983	0.08427226
3	0.44026842	2.1983	0.2003041
4	0.7299659	2.1983	0.33210459
5	1.19972317	2.1983	0.54582492
6	1.66604198	2.1983	0.75798088
7	1.67566217	2.1983	0.76235767

Na tabela 4.59 também se pode ver que a fração de revestimento se aproxima de 1 à medida que a concentração aumenta. A figura abaixo mostra os dados *Q* em forma de gráfico.

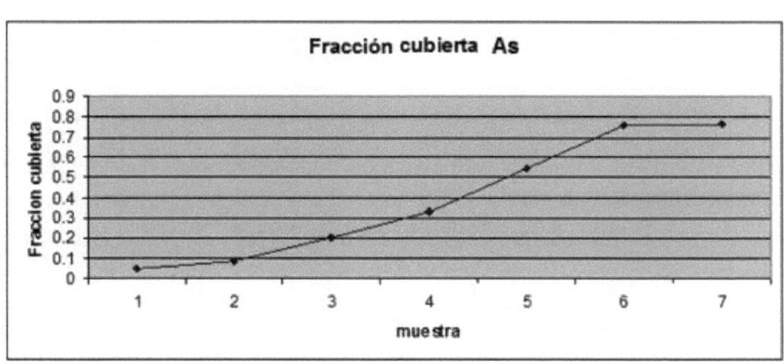

Figura 4.26 Fração coberta θ.

4.4.9 Cálculo dos parâmetros termodinâmicos

Aplicando as equações (2.74), (2.75) e (2.76) obtemos os seguintes resultados para a energia livre, enta^a e entrop^a para o processo de adsorção utilizando as 7 concentrações (1,2, 5, 7, 13, 20 e 30 ppm de arsénio).

Tabela 4.60 Parâmetros termodinâmicos.

	Kcal/mol	Kj/mol
AG	-7.63206263	-37.2445
AH	-11.1929	-54.6215
	Kcal/mol K	KJ/mol K
AS	-0.011989	-0.05850

O valor negativo de AG apresentado na tabela confirma a viabilidade do processo de adsorção e a natureza espontânea da adsorção de As nas espécies geradas pela eletrocoagulação. O valor negativo de HA indica o carácter exotérmico do processo. [57]O valor de HA de adsorção, de acordo com a literatura, corresponde a valores típicos de fisissorção (os valores típicos de entalpia de adsorção para a fisissorção são -20 kj/mol e cerca de -200 kj/mol para a quimiossorção), sendo o valor obtido -54,6215 kJ/mol, pelo que o valor de GA está dentro da gama de adsorção em monocamada. O valor negativo de AS reflecte que não ocorre qualquer alteração significativa na estrutura interna do adsorvente durante a adsorção de arsénio.

4.4.10 Cálculo dos parâmetros cinéticos As

Para calcular os parâmetros cinéticos, foi utilizado o segundo conjunto de ensaios (quadros 4.63 e 4.68), com concentrações de 5 ppm (amostra 1) e 10 ppm (amostra 2) de As.

4.4.10.1 Cálculo das constantes cinéticas e da constante de adsorção As

4.4.10.1.1.1 Amostra 1

Os dados de tempo-concentração para a determinação das constantes cinéticas e de adsorção são apresentados nos quadros seguintes.

Quadro 4.61 Amostra de dados de concentração temporal 1.

Tempo (min)	[As] ppm
0	5
2	3.8
4	2.6

6	1.85
8	0.95
10	0.1

A regressão exponencial é efectuada sobre os dados da tabela 4.61, obtendo-se os resultados apresentados na tabela 4.62.

Quadro 4.62 Dados da regressão exponencial.

R	0.9781
R^2	0.9556
A	5.2283
M	0.195

Aplicando a equação (2.85), calcula-se a velocidade de reação; para calcular as constantes cinéticas e de adsorção, utiliza-se a equação linearizada de Langmuir-Hinshelwood; os dados da regressão linear são apresentados na tabela 4.63.

Quadro 4.63 Dados relativos à taxa de reação.

-dC/dt	-dt/dC	1/C
0.9815	1.0188487	0.2
0.74594	1.3405904	0.26315789
0.51038	1.95932442	0.38461538
0.363155	2.75364514	0.54054054
0.186485	5.36236158	1.05263158
0.01963	50.942435	10

Os dados obtidos a partir da regressão linear são apresentados na tabela 4.64.

Tabela 4.64 Dados obtidos a partir da regressão linear.

R	0.9872
R^2	0.9743
a	1.604
M	2.7313

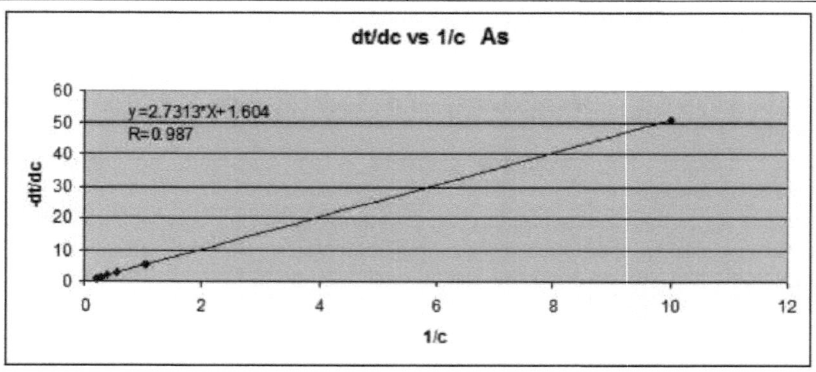

Figura 4.27 Gráfico de -dt/dc vs 1/c para obter as constantes cinéticas e de adsorção.

e constantes de adsorção.

Utilizando as equações (2.82) e (2.83), são calculadas as constantes cinéticas e de adsorção, sendo os resultados apresentados na tabela 4.65.

Tabela 4.65 Constantes cinéticas e de adsorção.

$^{-1}$k (constante cinética) mgL min^{-1}	0.6234414
K (constante de adsorção) Lmg^{-1}	0.58726614

Para esta amostra, observa-se que a constante cinética (k) é superior à constante de adsorção (K), o que significa que o mecanismo de controlo ou a fase mais lenta do processo de adsorção de hidróxidos de arsénio e ferro é a fisiadsorção ou a taxa de adsorção (fase 2 do processo de adsorção) e não a taxa de reação superficial (fase 3 do processo de adsorção).

4.4.10.1.2 Amostra 2

A variação dos dados tempo-concentração para determinar as constantes cinéticas e de adsorção para a amostra de arsénio correspondente a uma concentração de 10 ppm é apresentada nos quadros seguintes.

Quadro 4.66 Amostra de dados de concentração temporal 2.

Tempo (min)	[As] ppm
0	10
2	7.9
4	5.7
6	3.4
8	1.6
10	0.05

A regressão exponencial é efectuada sobre os dados da tabela 4.66 e obtêm-se os resultados apresentados na tabela 4.67.

Tabela 4.67 Dados da regressão exponencial.

R	0.9711
R^2	0.9534
a	10.6381
m	0.1983

Onde:

R= coeficiente de correlação

^{2}R = coeficiente de correlação ao quadrado a = ordenada em relação à origem m= declive.

Aplicando a equação (2.77) calcula-se a velocidade de reação (-dc/dt), para calcular as constantes cinéticas e de adsorção utiliza-se a equação linearizada de Langmuir-Hinshelwood, equação (2.78), os dados para realizar a regressão linear são apresentados na tabela 4.68.

Tabela 4.68 Dados da taxa de reação para a regressão linear.

-dC/dt	-dt/dC	1/C
1.9830	0.5042	0.1
1.5666	0.6383	0.1265

1.1303	0.8847	0.1754
0.6742	1.4831	0.2941
0.3173	3.1517	0.6250
0.00992	100.857	20

Os dados obtidos a partir da regressão linear são apresentados na tabela 4.71.

Tabela 4.69 Dados obtidos a partir da regressão linear.

R	0.9872
R2	0.9772
a	15.1885
m	5.3485

Onde:

R= coeficiente de correlação

^{2}R = coeficiente de correlação ao quadrado a = ordenada em relação à origem m= declive.

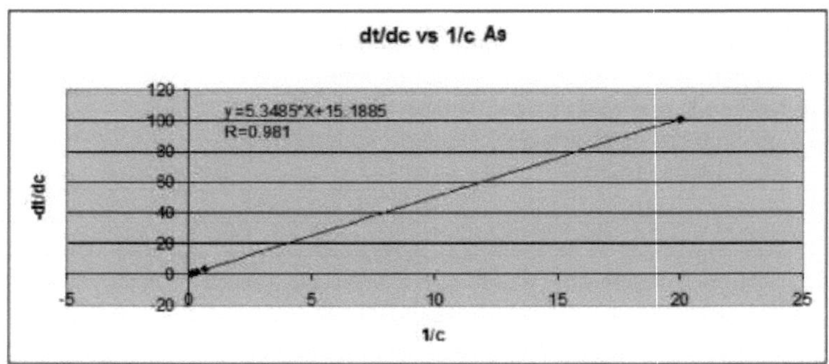

Figura 4.28 Gráfico de -dt/dc vs 1/c para obter as constantes cinéticas e de adsorção.

e constantes de adsorção.

Utilizando as equações (2.82) e (2.83), são calculadas as constantes cinéticas e de adsorção, sendo os resultados apresentados na tabela 4.70.

Tabela 4.70 Constantes de adsorção e cinética.

$^{-1}$K (constante cinética) mgL min^{-1}	0.08333333
K (constante de adsorção) Lmg^{-1}	2.83976816

Para esta amostra, observa-se que a constante cinética (k) é inferior à constante de adsorção (K), o que significa que o mecanismo de controlo ou a fase mais lenta do processo de adsorção de hidróxidos de arsénio e ferro é a taxa de reação superficial (fase 3 do processo de adsorção) e não a taxa de fisiadsorção ou adsorção (fase 2 do processo de adsorção).

4.4.10.2 Avaliação da ordem de reação

O modelo mais utilizado para descrever a cinética do processo de adsorção é o modelo de Langmuir-Hinshenlwood (Cassano, 1999). Para conhecer a ordem da reação, utiliza-se a equação (2.77), que é a expressão da cinética de primeira ordem, cuja forma integrada é (($-\ln(C_f/C_o)=kt$). Ao avaliar os dados cinéticos por meio deste modelo, foram obtidos os seguintes resultados.

4.4.10.2.1 Amostra 1

Para conhecer a ordem da reação, calcula-se ln(C_f/C_o), em que Cf é a concentração final e C_o é a concentração inicial, depois aplica-se a regressão linear aos dados obtidos para conhecer o coeficiente de correlação e assim verificar a ordem da reação 1.

Tabela 4.71 Dados para determinar a ordem de reação.

Tempo (min)	Cf (PPm)	Co (ppm)	Cf/Co	-ln(Cf/C0)
0	5	5	1	0
2	3.8	5	0.76	-0.27443685
4	2.6	5	0.52	-0.65392647
6	1.85	5	0.37	-0.99425227
8	0.95	5	0.19	-1.66073121
10	0.1	5	0.02	-3.91202301

Os dados obtidos a partir da regressão linear são apresentados no quadro seguinte:

Tabela 4.72 Resultados obtidos a partir da regressão linear.

M	0.4141
A	-0.9855
R	0.976
R2	0.9596

Onde:

R= coeficiente de correlação

^2R = coeficiente de correlação ao quadrado a = ordenada em relação à origem m= declive.

O gráfico de regressão linear resultante é apresentado na figura 4.29.

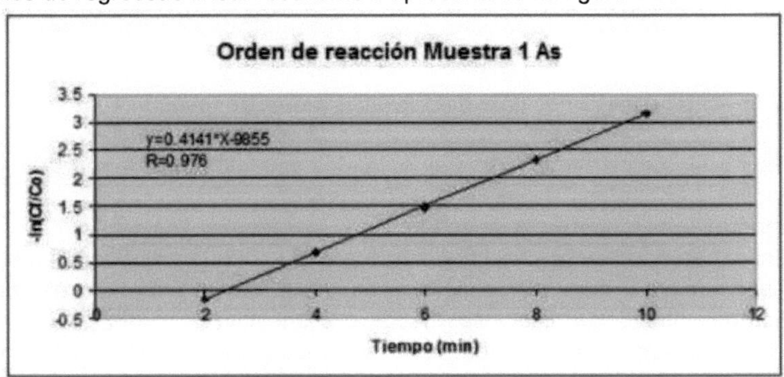

Figura 4.29 -ln(C_f/C_o) vs. tempo para determinar a ordem da reação.

Estes resultados permitem verificar que os dados obtidos se ajustam a um modelo de ordem 1.

4.4.10.2.2 Amostra 2

Para calcular a ordem da reação, calcula-se ln(C_f/C_0), em que Cf é a concentração final e C_o é a concentração inicial, e depois os dados de $\ln(C_f/C_o)$ e o tempo são regredidos linearmente para encontrar o coeficiente de correlação e assim verificar a ordem da reação 1.

Tabela 4.73 Dados para determinar a ordem de reação.

Tempo (min)	Cf (PPm)	C_o (ppm)	Cf/Co	$-\ln(C_f/C_o)$
0	10	10	1	0
2	7.9	10	0.79	0.23572233
4	5.7	10	0.57	0.56211892
6	3.4	10	0.34	1.07880966
8	1.6	10	0.16	1.83258146
10	0.05	10	0.005	5.29831737

Os dados obtidos a partir da regressão linear são apresentados na tabela seguinte:

Tabela 4.74 Resultados obtidos a partir da regressão linear.

Pendente	0.4543
Ordenado para a origem	-0.771
R	0.943
R^2	0.889

O gráfico de regressão linear resultante é apresentado na figura 4.30.

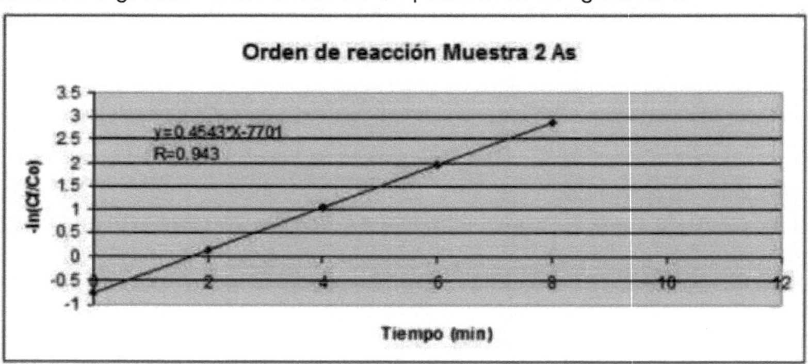

Figura 4.30 $-\ln(C_f/C_o)$ vs. tempo para determinar a ordem de reação.

Estes resultados permitem verificar que os dados obtidos se ajustam a um modelo de ordem 1.

4.5 Comparação de isotérmicas de adsorção

Para verificar se a isotérmica de Langmuir é a que melhor se ajusta aos dados de adsorção, foram utilizadas 2 outras isotérmicas, comparou-se o fator de correlação, a isotérmica que melhor se ajusta aos dados é a que tem o melhor coeficiente de correlação, também se considerou outro parâmetro estatístico, o desvio médio absoluto em %, a isotérmica que tem o menor desvio em % é a que melhor se ajusta aos dados As outras isotérmicas utilizadas são as isotérmicas de Freundlich e D-R. (Dubinin-Radushkevich) porque, depois de Langmuir, são as isotérmicas mais utilizadas nos processos de adsorção.

4.5.1 Comparação das isotérmicas utilizando os dados de adsorção para o TiO_2

Tabela 4.75 Isotérmica de Langmuir.

Isotérmica de Langmuir				
R	A	% de desvio	-1K (Lmmol)	-1Nmax (mmolg)
0.994	0.988	0.0023	35.12	96

Os valores apresentados na tabela 4.75 são os reportados nas tabelas anteriores, e são os valores que foram utilizados para calcular K (constante de Langmuir), a partir deste valor foram calculados os parâmetros termodinâmicos, também foi calculado o Nmax, que é a capacidade máxima de adsorção neste caso do dióxido de titânio sobre as partículas geradas a partir do CE neste caso a magnetite.

Tabela 4.76 Isotérmica de Freundlich.

Isotérmica de Freundlich				
R	A	% de desvio	1/n11/n1K (L mmol ·g')	N
0.989	0.978	4.5568	52.0114	1.42

Para o cálculo de K foi utilizada a equação da isotérmica de Freundlich (2.61), os resultados estatísticos foram obtidos através do programa sigmaplot, este programa inclui a função exponencial para o cálculo de K e n que é a intensidade de adsorção e é um parâmetro que indica quando o sistema de adsorção é favorável quando n>1, portanto e de acordo com o valor obtido de n (1.42) o sistema de adsorção dióxido de titânio-hidróxido de ferro representa condições de adsorção favoráveis.

Tabela 4.77 Isotérmica D-R.

Isotérmica D-R				
R	A	% de desvio	2-2K (mol kJ)	Nmax
0.971	0.942	5.631	3.155	442.611

Para calcular o K da isoterma D-R, calculámos primeiro £ (potencial de Polanyi igual a RT ln (1 + 1/Ce)). Utilizou-se também o assistente estatístico do programa sigmaplot, obtendo-se os valores apresentados, sendo Nmax a capacidade de saturação teórica e K relacionado com a energia de adsorção.

Ao rever os valores dos coeficientes de correlação obtidos e a % de desvio reportados nas tabelas anteriores, observa-se que a isoterma de Langmuir é a que melhor se ajusta aos dados experimentais, tanto pelo coeficiente de correlação que é melhor nos 3 casos como também por apresentar a menor % de desvio do erro médio, comprovando com estes dados a maior utilização da isoterma de Langmuir para os cálculos de adsorção e para conhecer os parâmetros termodinâmicos.

4.5.2 Comparação de isotérmicas utilizando dados de adsorção de As

Tabela 4.78 Isotérmica de Langmuir.

Isotérmica de Langmuir				
R	A	% de desvio	K	Nmax
0.983	0.966	0.0003	413.6	2.198

Estes valores são apresentados nas tabelas 4.69 e 4.70, são os resultados da regressão linear aplicando a forma linear da isoterma de Langmuir, a partir destes dados é calculado o K, que foi utilizado para conhecer os parâmetros termodinâmicos, também é calculado a partir dos resultados da regressão linear o Nmax é a capacidade máxima de adsorção neste caso de arsénio nas partículas geradas de CE neste caso magnetite.

Tabela 4.79 Isotérmica de Freundlich.

Isotérmica de Freundlich				
R	A	% de desvio	$^{1/n1-1/n-1}$K (L mmol g)	n
0.980	0.960	0.1559	17.33	2.082

A equação de Freundlich é uma equação empírica utilizada para descrever sistemas heterogéneos, que se caracteriza pelo fator de heterogeneidade 1/n, (equação 2.61). O valor de n representa a intensidade de adsorção e quando n>1 indica que o sistema de adsorção é favorável, portanto, de acordo com o valor obtido (2,082) o sistema de adsorção arsénio-hidróxido de ferro gerado a partir do CE representa condições favoráveis. Os parâmetros estatísticos foram obtidos através da aplicação de regressão linear aos dados experimentais utilizando o programa sigmaplot.

Tabela 4.80 Isotérmica D-R.

Isotérmica D-R				
R	A	% de desvio	K	Nmax
0.910	0.828	0.1553	4.70	17.53

A isotérmica D-R é mais geral do que a isotérmica de Langmuir, porque não assume uma superfície homogénea. Para conhecer K e Nmax, começa-se por calcular o potencial de Polanyi, este é representado em função de N e os parâmetros estatísticos são obtidos por regressão linear.

Comparando os resultados obtidos, podemos observar que em ambos os casos, as isotermas de Freundlich e D-R apresentam coeficientes de correlação mais baixos que a isoterma de Langmuir, no caso da % de desvio, a isoterma que melhor se ajusta aos dados é a que apresenta a menor %, sendo neste caso também a isoterma de Langmuir. Com estes resultados verifica-se que a isotérmica de Langmuir é a que melhor se ajusta aos dados experimentais.

4.6 Caracterização do produto sólido obtido do EC com TiO2

4.6.1 Caracterização do produto sólido obtido do EC com TiO2 por difração R-X

Após filtração, o produto sólido foi seco numa estufa a 90 graus Celsius, depois analisado ao microscópio eletrónico de varrimento e por difração de raios X para verificar a presença de dióxido de titânio e das espécies geradas pela eletrocoagulação.

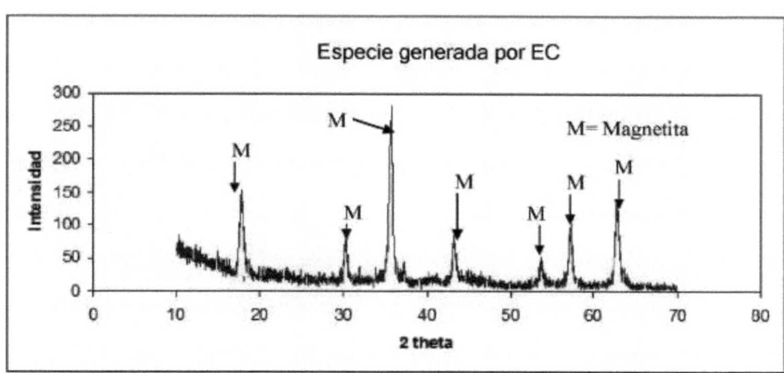

Figura 4.31 Padrão de difração da magnetite gerado pelo CE.

A Figura 4.31 mostra o padrão de difração do produto sólido obtido a partir de um ensaio de CD sem nenhum outro componente no meio aquoso, apenas espécies de CD foram geradas, a fim de identificar a espécie gerada, esta espécie foi identificada como magnetita.

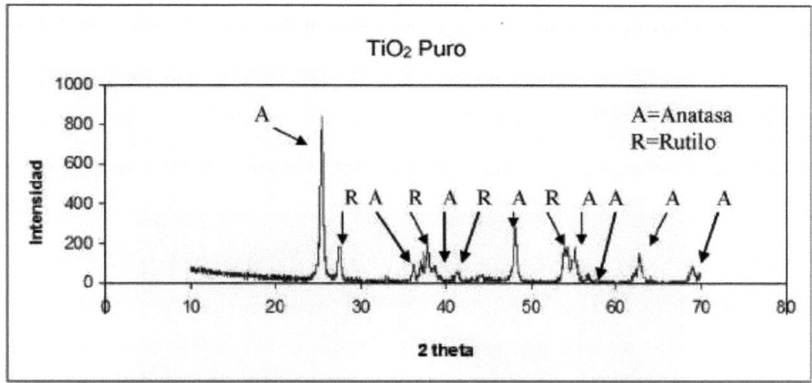

Figura 4.32 Padrão de difração do dióxido de titânio.

Foi então efectuado um difractograma apenas no dióxido de titânio utilizado no ensaio de oxidação com cianeto, para identificar as fases presentes, tendo sido identificadas a anatase e o rutilo (figura 4.32).

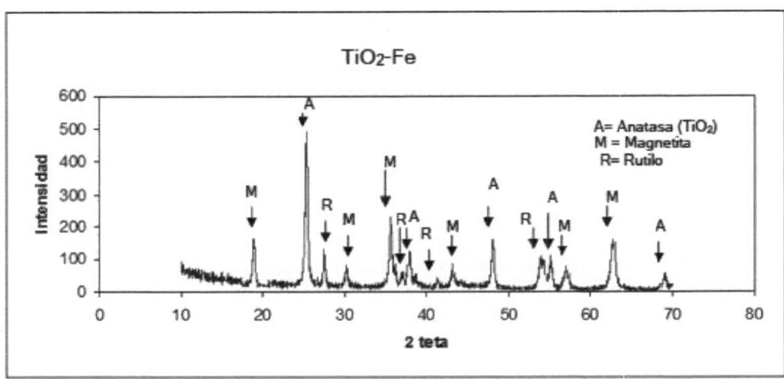

Figura 4.33 Padrão de difração do dióxido de titânio com magnetite.

Posteriormente, procedeu-se à caraterização do produto sólido da recuperação do dióxido de titânio com CE, identificando-se as seguintes fases: como espécie gerada a partir da eletrocoagulação: magnetite. Do dióxido de titânio foram identificadas duas fases, anatase e rutilo, sendo a anatase a encontrada em maior quantidade, devido ao facto de a maioria dos picos identificados corresponderem a esta fase, que é a mais utilizada em processos de fotocatálise, e o rutilo em menor quantidade (figura 4.33).

4.6.2 Caracterização do produto sólido obtido a partir de CE com TiO2 utilizando o Microscópio Eletrónico de Varrimento

Posteriormente, o produto sólido obtido do processo de eletrocoagulação foi analisado no Microscópio Eletrónico de Varrimento, sendo as micrografias obtidas apresentadas nas figuras seguintes.

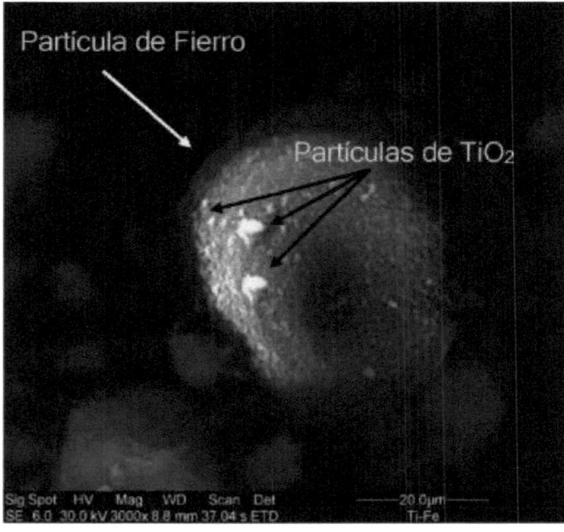

Figura 4.34 Partícula de ferro com TiO2 adsorvido na sua superfície.

As Figuras 4.34 e 4.35 mostram as micrografias obtidas com a técnica de microscopia eletrónica de varrimento, nas quais se observam as partículas de ferro geradas pelo CE, estas partículas encontram-se em maior quantidade e tamanho, sobre estas partículas estão adsorvidas as partículas de dióxido de titânio que vão ser recuperadas para reutilização na oxidação fotocatalítica do cianeto.

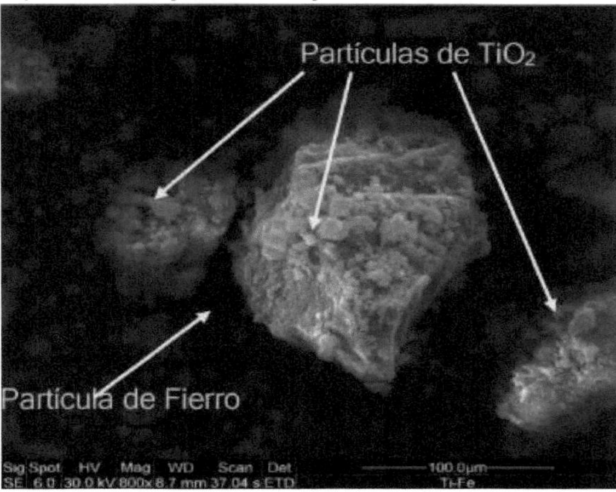

Figura 4.35 Partícula de ferro com TiO2 impregnado na sua superfície.

As micrografias realizadas com esta técnica mostram partículas porosas de espécies geradas por eletrocoagulação, como a magnetite, a lepidocrocite e a goetite, impregnadas de dióxido de titânio.

Para verificar que as espécies presentes são ferro em maior quantidade e que as partículas de dióxido de titânio estão adsorvidas nestas, foi efectuada uma análise química por análise de raios X por dispersão de energia (EDAX) (Figura 4.36), verificando assim que o dióxido de titânio se encontra em menor quantidade e está adsorvido nas partículas de magnetite geradas a partir da CD.

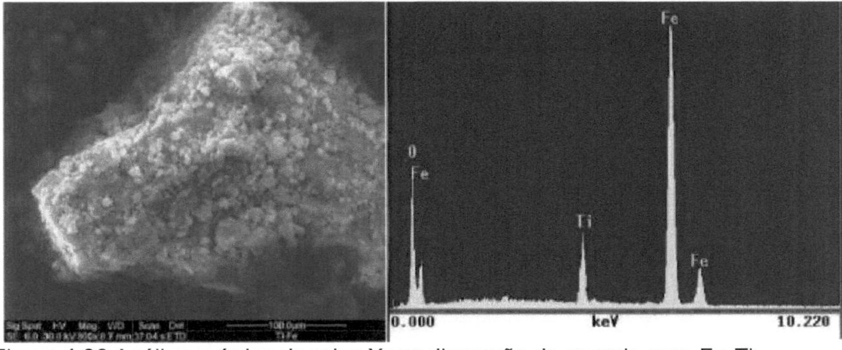

Figura 4.36 Análise química de raios X por dispersão de energia para Fe-Ti.

4.7 Caracterização do produto sólido obtido apenas a partir de CD

Os ensaios de eletrocoagulação também foram realizados sem qualquer outro componente do meio aquoso para gerar apenas espécies de eletrocoagulação. A

Figura 4.37 mostra uma micrografia do produto sólido obtido através da técnica de microscopia eletrónica de varrimento; esta micrografia foi submetida a análise química elementar por EDAX (Figura 4.38).

Figura 4.37 Micrografia de uma partícula de ferro mostrando a secção da superfície.

Figura 4.38 Análise EDAX da partícula de ferro.

A figura 4.37 mostra a micrografa obtida a partir do ferro do CE, esta mostra a secção da superfície, nesta superfície é realizada a adsorção das partículas ou componentes do meio aquoso, quer para recuperar (dióxido de titânio), quer para eliminar o arsénio, verifica-se também por análise química por energia dispersiva de raios X que a partícula é de ferro e não apresenta qualquer outro composto (figura 4.38).

4.8 Caracterização do produto sólido com arsénio

4.8.1 Caracterização do produto sólido contendo arsénio por difração R-X

Após filtração, o produto sólido foi seco numa estufa a 90 graus, os pós obtidos foram analisados ao microscópio eletrónico de varrimento e por difração de raios X, a fim de verificar a presença das espécies geradas pela eletrocoagulação.

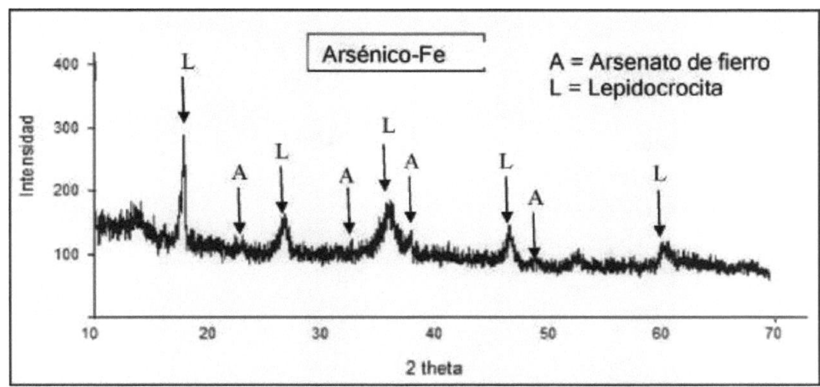

Figura 4.39 Padrão de difração de raios X do produto sólido obtido a partir do tratamento de água contaminada com arsénio.

Utilizando a técnica de difração de raios X, a espécie gerada pela eletrocoagulação foi identificada como lepidocrocite, e é nesta espécie que ocorre a adsorção do poluente. O arsénio foi identificado como arseniato de ferro. A Figura 4.39 mostra o padrão de difração de raios X da amostra de 5 ppm de arsénio.

4.8.2 Caracterização do produto sólido contendo arsénio utilizando o Microscópio Eletrónico de Varrimento

O produto sólido obtido do processo de eletrocoagulação para remoção de arsénio foi analisado por microscopia eletrónica de varrimento, sendo as micrografias obtidas apresentadas nas figuras seguintes.

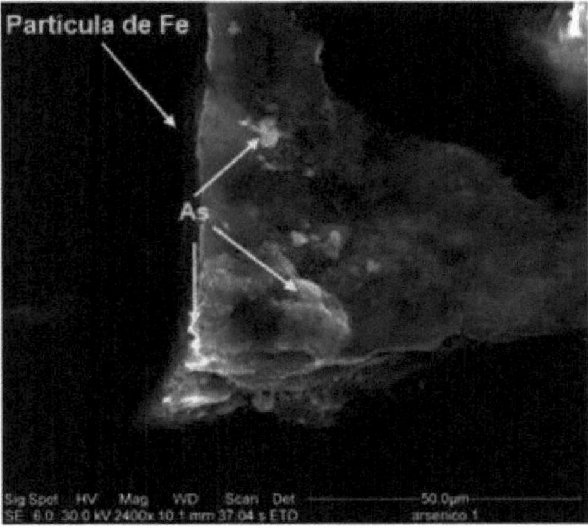

Figura 4.40 Micrografia SEM de uma partícula de ferro impregnada de arsénio.

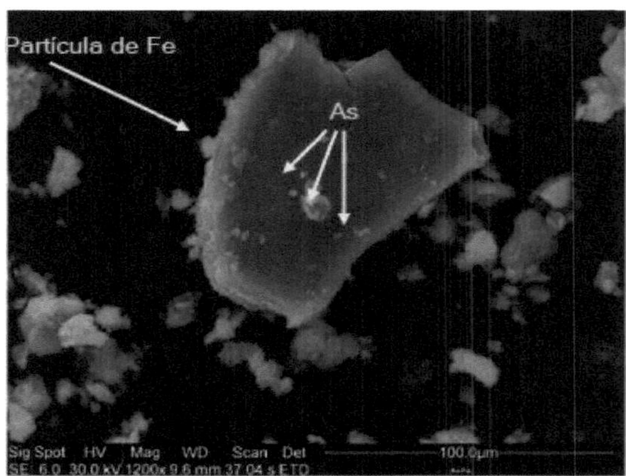

Figura 4.41 Micrografia SEM de partículas de espécies de ferro impregnadas de arsénio

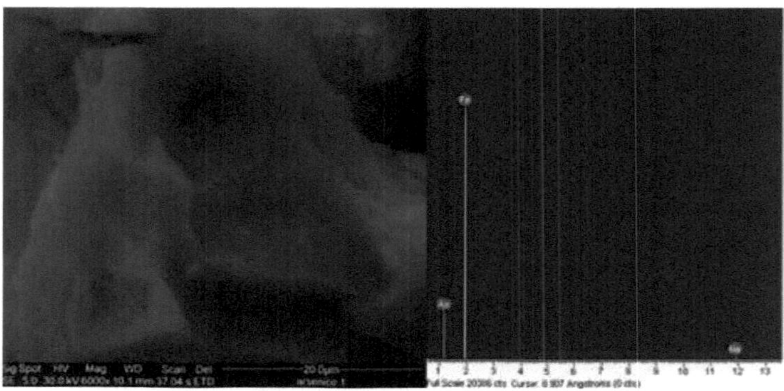

Figura 4.42 Análise de raios X por dispersão de energia (EDAX).

As micrografias obtidas por microscopia eletrónica de varrimento (figuras 4.40 e 4.41) mostram as partículas porosas de espécies geradas pelo CE impregnadas de arsénio, como a magnetite, a goetite e a goetite. A Figura 4.42 foi analisada quimicamente por análise de raios X por dispersão de energia (EDAX) para verificar a presença de arsénio nas partículas de ferro. Através desta análise verifica-se pela maior contagem da análise que a maior parte da partícula é de ferro e em menor quantidade encontra-se arsénio, que está adsorvido nas espécies de ferro geradas pela eletrocoagulação.

V CONCLUSÕES

1. Com o processo de oxidação fotocatalítica, utilizando dióxido de titânio como semicondutor oxidante, obteve-se 94% de eliminação do cianeto.
2. Com o processo eletroquímico de eletrocoagulação, obteve-se uma recuperação de 98% de dióxido de titânio da solução de cianeto.
3. De acordo com estes resultados, fica provado que a tecnologia de eletrocoagulação é uma opção economicamente viável para recuperar nanocristais de dióxido de titânio a partir da oxidação fotocatalítica do cianeto.
4. A análise termodinâmica dos parâmetros obtidos para a recuperação do dióxido de titânio é a seguinte AG= -29,0184 KJ/mol, AH=-13,397 KJ/Mol e AS=0,0524 KJ/molK. O valor negativo da energia livre indica a natureza espontânea da adsorção. O valor da entalpia de adsorção corresponde aos valores de um mecanismo de fisiadsorção (valores de entalpia de -20 KJ/mol).
5. O modelo termodinâmico de Langmuir modela perfeitamente os resultados para prever a capacidade de adsorção do dióxido de titânio sobre espécies de ferro geradas por eletrocoagulação. Neste modelo, foram determinados os seguintes dados de adsorção: o número de moles adsorvidos (valor N de 13,605 a 77,966 mmolTio2/gFe), a capacidade máxima de adsorção (Nmax=96,7 mmolTio2/gFe), a área específica (190 m2/g) e a fração coberta *Q* (0,139 a 0,812).
6. Para as amostras utilizadas (concentrações de 0,5, 0,75 e 1 g/L de dióxido de titânio), o estudo cinético foi efectuado variando a concentração com o tempo, a constante cinética (k) é superior à constante de adsorção (K). Isto significa que o fenómeno de controlo do processo de recuperação do TiO2 por eletrocoagulação é a taxa de adsorção do dióxido de titânio (fase 2 do processo de adsorção).
7. A ordem da reação para a recuperação do dióxido de titânio seguiu o modelo cinético de primeira ordem de Langmuir-Hinshelwood.
8. A caraterização do produto CD, utilizando a técnica de difração de raios X, foi identificada como uma espécie de ferro conhecida como magnetite e o dióxido de titânio foi identificado como Anatase e Rutilo. Este último é encontrado em quantidades menores.
9. Com o microscópio eletrónico de varrimento, a presença de dióxido de titânio na superfície das partículas de ferro foi verificada utilizando a técnica de análise de raios X por dispersão de energia (EDAX).
10. Nos ensaios de eletrocoagulação realizados a nível laboratorial para a eliminação do arsénio, obteve-se uma eficácia de eliminação de 99 %.
11. Estes resultados provam que a eletrocoagulação é uma alternativa viável e económica para remover o arsénio da água contaminada.
12. O modelo de Langmuir foi aplicado com bons resultados para prever a capacidade de adsorção do arsénio sobre espécies de ferro, tendo sido efectuados os seguintes cálculos de adsorção: o número de moles adsorvidos com valores de N de 0,103 a 1,676 mmolAs/gFe, capacidade máxima de adsorção, Nmax=2,198 mmolAs/gFe, área espacial de 235 m2/g e a fração coberta *3* de 0,048 a 0,760.
13. Os parâmetros termodinâmicos, obtidos para a remoção do arsénio, são os seguintes AG = -37,245 KJ/mol e AH = -54,6215 KJ/mol. O valor negativo de AG indica a natureza espontânea do processo de adsorção. O valor de AH corresponde ao processo de fisiadsorção.

14. Para o estudo cinético, foi utilizada a amostra com uma concentração de 5 ppm de As. Neste caso, a constante cinética (k) é superior à constante de adsorção (K), pelo que o passo de controlo é a taxa de adsorção (passo 2 do processo de adsorção).
15. Para a segunda amostra, foi utilizada uma concentração de 10 ppm de As. Neste caso, a constante cinética (k) é inferior à constante de adsorção (K), pelo que a etapa de controlo é a taxa de reação superficial (etapa 3 do processo de adsorção).
16. A ordem da reação para a remoção do arsénio seguiu o modelo cinético de primeira ordem de Langmuir-Hinshelwood.
17. A partir da caraterização por difração de raios X, foram identificadas diferentes espécies de eletrocoagulação como goetite, magemite, lepidocrocite, o arsénio foi identificado como arseniato de hidrogénio hidratado e arseniato de ferro.
18. Com o microscópio eletrónico de varrimento, a presença de arsénio na superfície das partículas de hidróxido de ferro foi verificada por análise de raios X por dispersão de energia (EDAX).
19. Com a comparação das isotermas (Langmuir, Freundlich e D-R), por meio dos parâmetros estatísticos de coeficiente de correlação e desvio %, verificou-se que a isoterma que melhor se ajusta aos dados é a isoterma de Langmuir.

VI FONTES DE INFORMAÇÃO

1 http://www.plata.com.mx/Plata/Plata/produccionintem.htm (Acedido em janeiro de 2007).

2 M. I. Jeffrey, I. M. Ritchie, The Leaching of Gold in Cyanide Solution in the Presence of Impurities, J.Electrochem.Soc. I. The Effect of Lead. 147 (9) 3257-3262. (2000).

3 J.R. Parga e D.L. Cocke, Oxidation of Cyanide in The Hydrocyclone Reator, Journal of Desalination, 140 289-296. (2001).

4 J.D. Desai, C. Ramakrishna, P.S. Patel, S.K Awasthl, Cyanide Wastewater Treatment and Commercial Applications, Chemical Engineering World. XXXIII (6) 115-121. (1998).

5 G.H. Robbins, Historical Development of the INCO SO_2/air Cyanide Destruction Process, CIM Bulletin (9) 63-69. (1996).

6 J.R. Parga, D.L. Cocke, J.L. Valenzuela, J.A. Gomes, M. Kesmez. Remoção de arsénico por eletrocoagulação de águas subterrâneas contaminadas com metais pesados em La Comarca Lagunera, México. Journal of Hazardous Materials B124. 247-254. (2005).

7 Greenberg, Arnold et al. Standard methods for the examination of water and wastewater. Washington D.C.: Associação Americana de Saúde Pública, 268 p. ISBN 0-87553-131-8. (1985).

8 G. Pavas E. Camargo M. P., Castro Jones C, Pineda V.T, Oxidacion FotocataKtica de Cianuro, ISSN 1692-0694, Paper 29-042005, Universidad EAFIT, MedelKn, Colombia, abril (2005).

9 V. Augugliaro, J. Blanco, J. Caceres, E. Garcia, V. Loddo, Photocatalytic oxidation of Cyanide in Aqueous TiO2 Suspensions Irradiated by Sunlight in Mild and Strong Oxidant Conditions, Catalysis Today, 54 245-253. (1999).

10 U.B. Ogutueren, E. Toru, S. Koparal, Removal of Cyanide by Anodic Oxidation for Wastewater Treatment, Water Research. 33 (8) 1851-1856. (1999)

11 11 Young, C.A. and Jordan, T.S. Cyanide remediation: current and past technologies: Proceedings of the 10th annual conference on hazardous waste research. Vol. 44, 104-129. (1999). 12 U.B. Ogutueren, E. Toru, S. Koparal, Removal of Cyanide by Anodic Oxidation for Wastewater Treatment, Water Research. 33 (8) 1851-1856. (1999).

12 13 W.L. Perry, W.W. Eckenfelder, Toxicity Reduction in Industrial Effluents. Eckenfelder, Toxicity Reduction in Industrial Effluents (Nova Iorque: Van Nostrand Reinhold Co. (1990). 14 Norma Oficial Mexicana NOM - 003 - ECOL - 1997. 15 G.H. Robbins, Historical Development of the INCO SO_2/air Cyanide Destruction Process, CIM Bulletin (9) 63-69. (1996). 16 Longsdon Mark, Kagelstein Karen, I. Mudder Terry. The management of cyanide in gold mining. Conselho Internacional dos Metais e do Ambiente. ICME (Chem.129 Conselho Nacional dos Metais e Ambiente), (2003).

13 17 J. A. Dirk Van Zyl, P. G Hutchison, Introduction to Evaluation, Design, and Operation of Precious Metal Heap Leaching Projects, Society of Mining Engineers of AIME, Technology & Industrial Arts, 298-303. (1998) 18 Legrini, E. Oliveros e A.M. Braun, Chem. Rev., 93, 671-698,(1993). 19 Huang CP, Ch. Dong e Z. Tang, Waste Management, 13, 361-377, (1993). 20 US/EPA Handbook of Advanced Photochemical Oxidation Processes, EPA/625/R-98/004, (1998).

14 21 The AOT Handbook, Calgon Carbon Oxidation Technologies, Ontário, (1997).
15 22 Bolton J.R. e Cater S.R., "Aquatic and Surface Photochemistry", 467-490.
16 G.R. Helz, R.G. Zepp e D.G. Crosby Editores. Lewis, Boca Raton, Florida, EUA, (1994).
17 23 Glaze W.H., Environ. Sci. Technol., 21, 224-230,(1987). 24 Glaze W.H.,. Kang J.W e Chapin D.H., Ozone Sci. & Technol., 9, 335-352, (1987).
18 25 González Silvia, Sahores Martha. Iimpacto ambiental debido al uso de cianuro en la minería a cielo abierto. Universidade Nacional da Patagónia, San Juan Bosco, Faculdade de Ciências Naturais (2003). 26 G. Pavas E. Camargo M. P, Castro Jones C, Pineda V.T, Oxidación Fotocatalítica de Cianuro, ISSN 1692-0694, Documento 29-042005, Universidad EAFIT, Medellín, Colômbia, abril (2005). 27 Ahumada Theoduloz Gerardo. CI 51 K drinking water treatment processes, Apuntes de coagulación-floculación, Universidad de Chile, (2005).
19 http://cipres.cec.uchile.cl/~ci51k/Apuntes/CoagulacionFloculacion.pdf (Data de
20 acedido em março de 2007)
21 28 Sharma V.K. Rivera W., Joshi VN., Millero FJ. Environ. Sci. Technol., 33, 2645-2650, (2000).
22 29 Fujishima, A. ; Rao, T. N. ; Tryk, D. A. Titanium dioxide photocatalysis. J.
23 Photochem. & Photobio. C: Photochem. Rev., 1, 1-21, (2000). 30 V. Augugliaro, J. Blanco, J. Caceres, E. Garcia, V. Loddo, Photocatalytic oxidation of Cyanide in Aqueous TiO_2 Suspensions Irradiated by Sunlight in Mild and Strong Oxidant Conditions, Catalysis Today, 54 249-253. (1999) 31 D. Bhakta, S. S. Shukla, M.S. Chandrasekharalah, J. L. Margrave, A Novel Photocatalytic Method For Detoxification of Cyanide Wastes, Environ. Sci.
24 Techno. 26 625-626. (1992). 32 U.B. Ogutueren, E. Toru, S. Koparal, Removal of Cyanide by Anodic Oxidation for Wastewater Treatment, Water Research. 33 (7) 1850-1854. (1999).
25 33 P. Liang, Y. Qin, B. Hu, CH. Lin, Tianyou Peng, Z. Jiang, Study of the Behavior of Heavy Metal Ions on Nanometer-Size Titanium Dioxide With ICP-AES, Fresenius J. Anal. Chem. 368 638-640 (2000). 34 R. Shapiro, S. Dubelman, A.M Feinberg, Heterogeneous Photocatalytic Oxidation of Cyanide Ion in Aqueous Solutions at TiO_2 Powder, Departmen of Chemistry, New York University, 303-304. (1990).
26 35 G. Pavas E. Camargo M. P., Castro Jones C, Pineda V.T, Photocatalytic Oxidation of Cyanide, ISSN 1692-0694, Paper 29-042005, Universidad EAFIT, Medellin, Colombia, abril (2005). 36 Blanco J. Malato, Bahnemann D. Carmona F. Y Martinez F. Proceedings of 7th Inter. symp. On Solar Thermal Conc. Tech., IVTAN Ed. ISBN 5-201- 09540-2, 540-550, Moscovo, Rússia, (1994). 37 N. A. Jaramillo, Photodegradation, SENA La Salada, Caldas Antioquia, 4,7.
27 38 D. Dabrowsky, J. Hupka, M. Zurawzka, Laboratory and Pilot Scale Photodegradation of Cyanide-containing wastewater, Phisicochemical Problems of Mineral Processing, 39, 229-248. (2005)
28 39 http://www.miliarium.com/monografias/arsenico/ (Acedido em outubro de
29 2007)
30 40 Scott J.P.y. Ollis D.F, Environ. Progress, 14, 88-103,(1995). 41 Deng B., Burris DR. e Campbell TJ, Environ. Sci. Technol., 33, 2651- 2556, (2000).

31 42 http ://www.ingenieroambiental.com/informes/arsenicoestudio.htm (Data de
32 acedido em maio de 2007). 43 Kovatcheva, V.K. e Parlapanski, M.D. Sono-Electrocoagulation of Iron Hydroxides, Colloids and Surfaces, 149, 603-608. (1999). 44 Mollah, M., Schennach R., Parga J.R. e Cocke D. L., Electrocoagulation (EC)-Science and Applications, Journal of Hazardous Materials, B84 29-41. (2001).
33 45 http://www.ingenieroambiental.com/informes/arsenicoestudio2.htm (Data de
34 acedido em fevereiro de 2008) 46 Vlyssides, A.G., Papaioannou, D., Loizidoy, M., Karlis. P.K., e Zorpas, A.A. Testing an Electrochemical Method For Treatment of Textile Dye Wastewater, Waste Management, 20, 569-574. 47 Mills D. A New Process For Electrocoagulation, American Water Works Association, 92, 6, 39-45. (2000).
35 48 G. Chen, X. Chen, P. L. Yue, Electrocoagulation and Electroflotation of Restaurant Wastewater, J. Environmental Engineering, Sept. 858-862.
36 49 M. J. Matteson, R. L. Dobson, R. W. Glenn, N. S. Kukunoor, Electrocoagulation and Separation of Aqueous Suspensions of Ultrafine Particles, J. colloids and Surfaces, 104 101-109. (1995). 50 Kovatcheva, V.K. e Parlapanski, M.D. Sono-Electrocoagulation of Iron Hydroxides, Colloids and Surfaces, 149, 603-608. (1999). 51 Parga, J.R., Shukla, S,S. e Carrillo-Pedroza, F.R. Destruction of Cyanide Waste Solution Using Chlorine Dioxide, Ozone and Titania Sol. (2003). 52 H.A. Moreno, D.L. Cocke, A.G Gomez, P Morkovsky, J.R. Parga.
37 Mecanismo de eletrocoagulação para a remoção de CQO. Tecnologia de Separação e Purificação. SEPPUR-D-06. 11-14. (2007) 53 J.R parga,D.L. Cocke,V Valverde,J.AG. Gomes,H Moreno, e D. Mencer.
38 Caracterização da Eletrocoagulação para Remoção de Cr e As. Journal of 132hem.... Eng Technol. 28. 605-612. (2005). 54 M.Y.A. Mollah,P. Morkosvy, A.G. Gomes, M. Kesmez. D.L. Cocke.
39 Fundamentos, Perspectivas Presentes e Futuras da Eletrocoagulação. J.
40 Materiais de risco. B114. 199-210. (2004) 55 Legrini, E. Oliveros e A.M. Braun, Chem. Rev., 93, 671-698,(1993). 56 G. Vicuña I. Tuñon. Apuntes de Química Avanzada, Departamento de Química-Física. Universidade de Valência. março (2006). 57 R. Ramos, L.G Velazquez, R.M. Guerrero. Adsorção de salicilato de sódio em solução aquosa em carvão ativado. Jornal da Sociedade Mexicana de Química. Numero 002, Vol. 46. 159-166. (2003). 58 I. Tuvert, V. Talanquer. Sobre a adsorção. Para Saber Experimentar y Simular , Educación Química, Facultad de Quimica, UNAM, 6. 186-190. (1999).
41 59 D. F. Shoemaker. Experiments in Physical Chemistry, Mc-Graw Hill (1998) 60 A.G Gupta, S Kundu. Adsorptive Removal of As(III) from Aqueous Solution Using Iron Oxide Coated Cement (IOCC): Evaluation of Kinetic Equilibrium and Thermodynamic Models. Separation and Purification Technology, 51, 165-172 (2006).
42 61 G. Pavas E. Camargo M. P., Castro Jones C, Pineda V.T, Oxidación Fotocatalítica de Cianuro, ISSN 1692-0694, Documento 29-042005, Universidad EAFIT, Medellín, Colômbia, abril (2005). 62 G. Vicuña I. Tuñon. Apuntes de Química Avanzada, Departamento de Química-Física. Universidade de Valência. março (2006). 63 Elías Chávez J. A. Comparação metalúrgica da regeneração de cianetos utilizando alumínio. Tese de mestrado em materiais. Instituto Tecnológico de Saltillo, fevereiro (2000).

Printed by Books on Demand GmbH, Norderstedt / Germany